TRAITÉ DE LA CULTURE

DU

PIN MARITIME

S

PARIS. — IMP. SIMON RAÇON ET COMP., RUE D'ERFURTH, 1.

TRAITÉ DE LA CULTURE

DU

PIN MARITIME

COMPRENANT

DES ÉTUDES SUR LA CRÉATION DES FORÊTS

LEUR ENTRETIEN, LEUR EXPLOITATION

ET LA

DISTILLATION DES PRODUITS RÉSINEUX

PAR

M. ÉLOI SAMANOS

MEMBRE DE LA SOCIÉTÉ D'AGRICULTURE DES LANDES

PARIS

LIBRAIRIE AGRICOLE DE LA MAISON RUSTIQUE

26, RUE JACOB, 26

1864

1863

A

LA SOCIÉTÉ D'AGRICULTURE

DU DÉPARTEMENT DES LANDES

HOMMAGE DE RESPECT ET DE DÉVOUEMENT

E. SAMANOS

INTRODUCTION

DES ÉCRITS SUR LE PIN MARITIME

Le besoin de créer des forêts de pins maritimes s'était depuis longtemps fait sentir dans nos contrées, et pourtant quelques années à peine nous séparent de l'époque où les landes de Gascogne, véritables savanes françaises, n'offraient à l'œil du voyageur attristé que l'image de la désolation et de la mort. Aussi loin que son regard pouvait porter, tout lui apparaissait navrant de tristesse et de monotonie : et il semblait que sur cette terre nue la nature ingrate eût jeté sa pesante malédiction.

Ainsi la France entière s'épanouissait sous tous les rayonnements du progrès, et les landes restaient là, toujours incultes, improductives, toujours plongées dans leur immense tristesse, comme pour faire ombre au brillant tableau des fécondes conquêtes de la civilisation, et présenter à tous le grand et douloureux spectacle d'un oubli fatal des hommes; car, comme le disait M. le vicomte d'Izarn-Freissinet dans son *Coup d'œil sur les landes de Gascogne*, — « parce que tout y était à faire, rien n'y a été fait. »

Un pareil oubli et un tel abandon ne pouvaient durer. Vint donc enfin le jour où des sociétés se formèrent pour le défrichement et la mise en culture de ces landes. Mais ce furent des hommes imbus de principes essentiellement agricoles qui en prirent la direction. Ils voulurent établir sur une immense échelle des cultures que les conditions géologiques de nos sables tertiaires ne pouvaient supporter. Ils échouèrent donc. Marchant à pas de géant, ils en arrivèrent plus précipitamment à leur ruine, et ils durent s'arrêter, abîmés qu'ils étaient sous le poids d'un insuccès d'autant plus accablant qu'il était inattendu.

Voici donc encore une fois nos landes redevenues incultes, et, seules dans leur immensité, elles semblent désormais condamnées à une éternelle stérilité.

Mais, si l'on n'avait pas réussi, c'était la faute des hommes, non des landes. Pour changer tout cela, il ne s'agissait donc que d'être plus sage. On le fut, et, à l'heure qu'il est, les quatre cent mille hectares de ces landes désolées sont devenues quatre cent mille hectares de jeunes et vigoureuses forêts. Presque partout la charrue a tracé ses sillons, et la main de l'homme a peuplé ces sauvages déserts de pins maritimes qui deviendront pour le pays une source féconde de richesse, et alimenteront un jour les besoins de la France entière.

Les écrits sur le pin maritime ont fait fureur pendant un certain temps : des sociétés s'étant formées pour le défrichement et l'ensemencement des landes, il fallait naturellement donner des renseignements aux actionnaires ou capitalistes de ces compagnies, et leur montrer les gros bénéfices qu'ils devaient en retirer; il fallait leur rendre palpables les revenus fictifs qui devaient les engager à déposer sur des terrains incultes et arides des sommes dont les intérêts se fondaient sur des espérances promises; on devait faire disparaître de leur esprit ces injustes préjugés qui semblent abattre nos contrées et leur enlever l'attention qu'elles méritent; il était nécessaire enfin, pour la réussite des entreprises, que, par des descriptions toujours exagérées, on leur montrât notre pays comme une Louisiane qu'un Law devait exploiter, et c'est ce que nos économistes ont fait. D'une main avide saisissant des plumes trempées dans des exagérations vaporeuses, la question de la mise en rapport des landes a été traitée presque toujours par des hommes chez lesquels une imagination créatrice suppléait aux moindres connaissances de la culture forestière de nos pins maritimes; exaltant les plaines stériles qu'ils décrivaient et à l'aide d'une logique adroite, ils inculquaient dans les opinions de leurs lecteurs des idées qui n'avaient la plupart du temps que des bases absurdes et incohérentes. Pour eux notre pin maritime était le véritable arbre aux pommes d'or. Pour montrer la fausseté de leurs écrits, qu'il me soit permis de citer certains de leurs passages que le simple bon sens peut réfuter impitoyablement.

Consultons Delamarre (*Traité de la culture des pins à*

grandes dimensions; page 306, 3e *édition*) : « La culture des « pins est un des moyens de devenir riche, puisque le pro- « priétaire de terrains incultes, de cent arpents parisiens, « par exemple, correspondant à trente-quatre hectares, plus « ou moins impropres à toute autre production, peut, par une « modique avance de deux ou trois mille francs, accompagnée « de quelques soins qui deviendraient une source de plaisir, « se flatter, non pas seulement d'être remboursé de cette « avance et des intérêts, vers dix, douze ou quinze ans, mais « de retirer en outre, d'abord des profits assez notables, et « ensuite, vers quarante ou cinquante ans de son entreprise, « une richesse millionnaire pour lui, et peut-être autant pour « ceux que, par la nature même des choses, il se trouverait « avoir associés à son énorme et honorable bénéfice ; car dans « les localités où le prix du pied cube de bois ne serait que de « vingt sous, son bénéfice personnel devait excéder quinze « cent mille francs. »

Et encore, dans le même ouvrage, page 289 : « Ainsi, écrit- « il, on peut évidemment dire qu'en pins maritimes, le créa- « teur de bois est plus que rentré dans ses avances, qu'il est « même entré en bénéfices dès douze ans après ses premières « avances, je pourrais même dire que c'est dès huit à neuf « ans ; car, dans mon exemple, le produit net des deux pre- « miers nettoyages exécutés, l'un à sept et l'autre à huit ans « du semis, a été de trois cents francs. Or, à ce moment, l'a- « vance et ses intérêts n'arrivaient pas tout à fait à cette « somme. »

Voilà ce que dit Delamarre, et certainement, au dixième de

ce prix, j'aurais traité avec lui pour un grand nombre d'hectares à son choix. Ses calculs portent la valeur de l'hectare, vers la cinquantième année de l'arbre, à *quarante-quatre mille cent dix-sept francs*. Je ne discute pas de tels dires : leur absurdité apparaît d'une manière trop évidente.

J. L. Crinon, dans son ouvrage ayant titre *le Forestier praticien*, page 50, s'exprime en ces termes : « Je vis de ces pins « qui cubaient dix à quatorze décistères et qui n'avaient cepen- « dant que quarante-cinq à cinquante ans de plantation. Ces « sujets en moyenne n'occupaient guère que vingt-cinq cen- « tiares de terrain. Si on les estime quarante francs l'un, — ils « ne valaient pas moins, — et qu'il s'en trouvât quatre cents « dans un hectare, on trouvera qu'un hectare planté en pins « portera pour seize mille francs de bois après cinquante à « soixante ans. Quelle est l'essence qui offrirait les mêmes « avantages ? »

Évidemment il n'y en a pas d'équivalente.

Je pourrais encore citer une foule d'opinions de plusieurs auteurs, tels que Émile Béres, Baudrillard, Ballet-Petit, etc., toutes stigmatisées par de nombreuses erreurs.

« Quoique la valeur de ces bois, disait, en 1826, M. Billaudel aux actionnaires, varie suivant la position plus ou « moins rapprochée des pays cultivés, cependant, et d'après « des calculs qui n'ont rien d'hypothétique, il n'est, même « dans l'état actuel des choses, aucune spéculation en agri- « culture plus sûre et plus problable que celle-là. »

Je me tais; je crois en avoir assez dit pour faire remarquer la légèreté et l'irréflexion que l'on a mises à donner des renseignements d'une bizarrerie aussi absurde. On conçoit difficilement comment certains auteurs ont pu se laisser entraîner à publier des principes reposant sur de telles bases.

Qu'est-il peut-être advenu de la publication de ces ouvrages? c'est que certains propriétaires ont pu les prendre pour guides et bercer ainsi des espérances aussi trompeuses qu'inespérées : ils ont peut-être rêvé les millions que M. Delamarre leur promettait, ils ont pu abandonner certaines cultures sur leurs terres pour les semer de pins maritimes, car, avouons-le, ces promesses d'avenir sont entraînantes : Dieu sait si mes désirs ne secondent pas ces opinions; assurément, à ce taux nos landes seraient un véritable Pérou, dont nous n'aurions pas su apprécier les richesses.

Aucun ouvrage n'a été écrit, à ma connaissance du moins, avec la conscience que méritait un tel sujet. Delamarre a donné, sans doute, des conseils utiles sur cette culture, mais, on l'a vu précédemment, les exagérations dans lesquelles il tombe, relativement au produit d'une forêt de pins maritimes, ne permettent pas de considérer son traité comme une œuvre sérieusement conçue. Nous avons les ouvrages de MM. Duhamel du Monceau, de Chambray, etc., etc., qui donnent des renseignements sur cette culture. Leurs expériences sont généralement faites sur de faibles étendues, quelquefois même sur quelques pieds d'arbres; de telles opinions ne peuvent évidemment servir de guide à la culture en grand du pin maritime; malgré leur mérite incontestable, nous ne pouvons les accepter. Certains auteurs se sont encore entretenus de cette culture, d'après les dires qu'ils ont pu recueillir des habitants des contrées forestières, peuplées de pins maritimes, et voilà de tous les ouvrages sur ces arbres ceux qui donnent les renseignements les plus erronés et les plus regrettables ; le nombre en est beaucoup trop grand : il serait à désirer qu'il n'en existât pas un seul. Il n'est pas besoin d'expliquer pourquoi leurs observations portent presque toujours le cachet d'une légèreté flagrante : elle est la conséquence inévitable de la conduite des auteurs qui les donnent.

Depuis quelques années, l'agriculture française a commencé énergiquement la grande œuvre de sa génération ; le progrès bouleverse tout ; de toutes parts règne une activité incessante, un travail continuel. L'homme s'agite, et, sous la pression de son intelligence, tout marche, tout avance : la science recule ses limites, le commerce étend son empire, les travaux publics se perfectionnent, les arts grandissent, les lettres s'élèvent en se vulgarisant ; partout, à chaque pas, nous apercevons ces manifestations puissantes de l'âme avide du beau, ces aspirations de l'esprit vers la perfection, cette tendance irrésistible de l'homme vers tout ce qui l'élève et l'ennoblit.

L'agriculture, cette puissance que les âges ont laissée s'engourdir, est elle-même mise au grand jour. Le siècle des Napoléons est fécond en grandes œuvres, mais aucune n'honore le gouvernement de l'Empereur comme celle de la réhabilitation de l'agriculture. Nous le voyons toujours, si fidèle à sa tâche, se placer en tête de tout progrès et servir sa cause par l'exemple et la stimulation. Nous le trouvons appliquant les grands principes agricoles dans ses domaines de Fouilleuse, de Vincennes, de Montaigu, de la Champagne.

Les landes incultes de la Sologne, de la Bretagne, de la Gascogne ne devaient pas rester étrangères à cette reconstitution pour ainsi dire spontanée de la France entière ; il fallait qu'elles aussi suivissent ce mouvement torrentiel irrésistible ; il fallait qu'elles aussi fussent stimulées, et nous avons vu se former les domaines de la Sologne et des Landes.

Sous la pression de cet exemple, le progrès s'accomplit ; déjà des surfaces considérables sont boisées de pins maritimes, et dans peu d'années elles le seront dans la totalité.

Il y a de grands progrès à propager, des bouleversements à produire dans cette culture. Elle croupit sous l'étreinte d'une routine fatale, en attendant qu'une main vigoureuse la saisisse, en attendant que le vent du progrès souffle sur elle, pour la transformer et lui communiquer sa puissante vitalité.

N'oublions pas nos forêts si nous ne voulons pas qu'elles nous oublient. Donnons-leur pour qu'elles nous rendent ; prodiguons-leur nos soins et notre sollicitude, pour qu'elles ne nous épargnent pas leurs richesses et leurs produits.

M. le vicomte de X., en Bretagne, m'écrivait dernièrement : « Voulant m'attacher à introduire quelques réformes dans « mes forêts, je me suis procuré plusieurs ouvrages sur la « culture du pin maritime, mais aucun d'eux n'a répondu à « mes désirs ; leur contradiction m'a trop prouvé combien « peu sérieusement ils avaient été écrits. »

Depuis la publication de ma brochure sur le *Système Hugues pour l'extraction de la résine*, des lettres semblables me sont parvenues ; j'en pourrais citer plusieurs, toutes me demandant des renseignements que leurs auteurs n'ont pu se procurer dans les traités qu'ils avaient à leur disposition.

Comme je l'ai dit précédemment, aucun ouvrage spécial n'existe à ma connaissance, du moins propre à guider les propriétaires dans cette culture : c'est pour tâcher de combler cette lacune et pour répondre à un besoin senti que j'ai entrepris celui-ci.

Mon devoir m'a commandé, et j'ai marché.

Puissé-je n'avoir pas perdu ma peine !

Cap Breton (Landes), le 1er octobre 1865.

E. SAMANOS.

TRAITÉ DE LA CULTURE

DU

PIN MARITIME

CHAPITRE PREMIER

DESCRIPTION DU PIN MARITIME

Le Pin maritime est désigné sous les noms divers de Pin de Bordeaux, Pin du Maine, Pin à Trochets, Pin des Landes, etc. Le savant Lamarck, dans sa *Flore française*, t. II, page 201, lui donne le nom scientifique de *Pinus maritima* (Pin maritime), et c'est cette appellation que nous lui conservons avec une foule d'auteurs contemporains.

Cependant les divergences d'opinion les plus extrêmes existent entre plusieurs écrivains botanistes ou forestiers, au sujet de cette espèce de Pin. Ce désarroi a été causé par la fausse indication donnée par Duhamel du Monceau dans son *Traité des arbres et arbustes qui se cultivent en France en pleine terre*, t. II, page 125. Sa science perspicace et profonde ne pouvait être mise en doute; on a cru aux révélations de son intelligence, et l'on s'est éloigné de la vérité. William Aiton, dans son *Hortus hervensis*, donne le nom de *Pinus pinaster* au Pin maritime ; Lambert dans sa *Description of the genus Pinus;* Loudon, dans son *Arboretum et fruticetum britannicum*, commettent la même erreur ; M. Élie-Abel Carrière, chef des pépinières du Muséum d'histoire naturelle de Paris, dans son ouvrage récemment publié (*Traité général des Conifères*, page 366), commet la même confusion.

Duhamel, dans l'ouvrage précité, nous donne la figure du Pin qu'il décrit ; les cônes y sont pédonculés, tandis que ceux du Pin maritime sont sessiles ; ces mêmes cônes, d'après lui, sont dispersés sur la longueur de la pousse annuelle, tandis que dans le Pin maritime ils sont terminaux, c'est-à-dire tous fixés à l'extrémité du jet.

Enfin, quoi qu'il en soit, nous ne nous départirons point du nom de Pin maritime que nous donnons à notre Pin, parce que des caractères spéciaux et concluants, suivant nous, ne nous permettent pas, comme cela a été fait, de le confondre avec d'autres variétés du genre Pinus.

Nous entrerons maintenant dans quelques détails sur la description des diverses parties de cet arbre ; les notions que nous en donnerons nous paraissent mériter une place dans cet ouvrage.

Il existe une corrélation trop intime entre la théorie et la pratique, pour que l'une doive faire abandonner l'autre. Le progrès ne s'accomplit que sous le patronage de la science, et aujourd'hui plus qu'en tout autre temps il faut connaître pour juger. L'initiation à la connaissance des organes de l'arbre, les moteurs de sa vitalité, nous rendra facile l'intelligence de tout fait qui pourrait nous paraître paradoxal.

Et d'abord l'arbre vit par deux espèces générales d'organes : les racines et les feuilles. Les racines s'étendent dans le sol pour y puiser les éléments nutritifs du végétal, qui s'y trouvent en dissolution ; les feuilles absorbent dans l'atmosphère les principes aériformes utiles à la vie de l'arbre ; elles se les assimilent et les élaborent pour les envoyer dans les corps qu'elles nourrissent.

Les éléments constitutifs du sol sont très-divers ; ils sont solubles en grande partie dans l'humidité qui les environne, et, ainsi dissous, ils sont absorbés par les racines au moyen de leurs spongioles.

Il semblerait au premier examen que par l'enlèvement constant de ses principes, le sol dût s'épuiser rapidement ; c'est ce que croyait le savant forestier allemand Hartig, quand il demandait la culture des forêts au moyen des fumiers ; il n'en est point ainsi, et ces principes sont aujourd'hui contredits par la science et par l'expérience. Les débris organiques formés soit par la chute des feuilles, soit par les végétaux privés de vie qui jonchent les forêts, créent par leur décomposition un humus très-fécondant et qui suffit à réparer les prélèvements de l'arbre pour soutenir son existence ; les eaux de pluie, en tombant sur la terre, s'emparent des éléments solubles que contient l'humus et les entraînent dans l'intérieur du sol pour les faire servir à la végétation de l'arbre ; ainsi, de la décomposition des feuilles se forment du bois et de nouvelles feuilles, et il s'établit de la sorte comme une transformation continuelle des mêmes principes.

Les feuilles viennent aussi apporter leur part essentielle de vie à l'arbre ; comme nous l'avons dit précédemment, elles s'approprient les éléments utiles de l'atmosphère pour les transformer dans les cellules qui composent tout végétal.

Tel est le rapide aperçu que nous voulions donner de la végétation en général ; nous en traiterons avec plus de développements en décrivant séparément les différentes parties qui composent le Pin maritime. Prenant la jeune plantule à sa formation, nous la suivrons dans ses divers développements en évitant le plus possible une prolixité et une longueur qui pourraient paraître déplacées ici.

Le Pin maritime à l'état d'embryon et de jeune plantule. — Nous allons esquisser maintenant le premier degré de formation du Pin maritime. Après avoir mis à découvert les organes qui composent la graine par une coupe longitudinale de l'amande, nous examinerons leur utilité et leur développement (V. Pl. I, grav. 1).

Le germe ou embryon du Pin maritime est cette partie intérieure de la semence qui en forme l'axe (*g*) ; il est détaché du reste de la graine, et comme emboîté dans l'albumen (*a*) qui l'enserre ; sa couleur est d'un jaune très-pâle ; il s'étend d'une extrémité à l'autre de l'amande.

Il se compose de deux parties : l'une, la radicule (*r*), est la portion située vers la pointe de la graine, et qui, s'enfonçant dans le sol, est destinée à produire les racines ; l'autre (*c*) est nommée gemmule ou plumule ; de cette extrémité s'échappe la tigelle et toute la partie aérienne de l'arbre ; là, se trouvent encore les cotylédons, ou lobes charnus, environnant le germe et qui en sont les seuls nourriciers, dans les premiers jours de la germination.

La matière blanche (*a*) qui environne le germe, est appelée périsperme par Adrien de Jussieu et albumen par Gærtner ; elle est le seul aliment nutritif de l'embryon dans la graine, et cette nourriture, composée des principes carbonés contenus dans l'albumen et nécessaire à la germination de la plante, lui est transmise par la succion des cotylédons.

Sans entrer plus avant dans la description des organes constitutifs de la graine du Pin maritime, examinons rapidement la manière dont se développent les rudiments de l'arbre qui nous occupe.

La semence étant mise dans le sol et dans un milieu contenant une certaine humidité, la coque ou enveloppe de l'amande est ramollie par l'influence des liquides extérieurs qui agissent sur elle ; ces mêmes liquides, par les propriétés endosmiques du tégument ligneux de la semence, se rendent dans l'albumen ; le germe grandit, l'embryon s'enfle et s'étend, et la coque étant passée à l'état presque gélatineux et l'embryon remplissant en grande partie la graine, son développement fatigue les parois qui l'enferment ; la résistance de ces parois par l'effet du ramollissement devient d'ailleurs de moins en moins grande ; elles s'ouvrent enfin pour donner passage d'abord à la radicule, qui se forme plus tôt, ensuite aux cotylédons, qui apparaissent pour vivre dans l'atmosphère.

Tel est le succinct et très-incomplet historique de la germination ; il suffira pour faire comprendre l'acte si intéressant et si rempli de merveilles de l'éclosion de l'arbre. Maintenant le germe a brisé l'enveloppe qui le contenait, les cotylédons paraissent sur le sol : il vivra de sa vie propre. La jeune plantule est formée. Sa texture, herbacée pendant quelque temps, deviendra ligneuse plus tard, et désormais son existence ne se soutiendra plus que par ses feuilles et ses racines.

Des racines. — Les racines sont la partie inférieure de l'arbre qui plonge dans le sol : leur extrémité supérieure, située à la surface du sol, s'appelle collet de la racine.

L'élongation de la radicule que nous avons signalée dans l'embryon produit l'axe ou pivot de la racine, et de cet axe s'échappent dans le sol les racines secondaires, que l'on nomme radicelles.

Celles-ci prennent naissance dans le parenchyme cortical du pivot et forment elles-mêmes de nombreuses racines filiformes qui portent le nom de chevelu.

Le pivot est pour le Pin maritime un organe très-important. Certains forestiers et entre autres Duhamel ont énergiquement parlé de son retranchement ; ils ont prétendu qu'il était inutile à la vie de l'arbre et que la végétation ne souffrait nullement de son absence : conséquemment ils ont conseillé plusieurs pratiques très-condamnables, telles que le placement de pierres ou tuileaux au-dessous des semences devant produire les sujets destinés à la transplantation ; le retranchement au moyen d'une bêche que l'on enfonce dans la terre sous le collet avant l'arrachage du plant. Est-il donc besoin de dire à de tels partisans ce qu'écrit le Dr Schacht dans son savant ouvrage ayant titre : *Les Arbres*, page 71 : « La « nature connaît mieux que nous ce qui convient à ses enfants, et « l'homme ne doit jamais la contrarier dans ses œuvres, lorsqu'il « s'agit d'obtenir des arbres sains et forts. Nos plantes cultivées ne « deviennent que trop souvent maladives parce que nous changeons « ou restreignons plus ou moins leur mode de vie normal par igno- « rance ou à dessein, et pour les rendre propres au but que nous « avons en vue. »

Le pivot a un double but d'utilité, de nécessité même ; et d'abord il sert à la végétation du sujet par sa propre absorption des substances alimentaires et par la formation, au moyen des bourgeons rhizogènes qui naissent dans sa zone génératrice, des racines secondaires, destinées à la nutrition du plant.

Mais son incontestable nécessité se présente pour le soutien de l'arbre. Les racines qu'il forme se dispersent dans la terre et s'y fixent avec l'énergie nécessaire à la lutte que les arbres ont à soutenir contre la fureur des tempêtes. Le vent courbe la tête du pin à long pivot, le tourbillon puissant s'agite à ses côtés ; mais ses bases sont inébranlables ; tels sont les arbres situés dans les sables profonds du golfe de Gascogne ; nous en avons vu de brisés par la puissance d'un ouragan, mais jamais d'arrachés. Jetons, au contraire, un regard sur un sol tufacé garni de pins ; le pivot ne pouvant pas se développer à cause du voisinage d'un sous-sol imperméable aux racines, l'arbre chancelle bien vite et une tempête a facilement raison de ses faibles attaches.

L'alimentation par les racines, ne se fait que par leur extrémité et par un organe appelé spongiole, auquel Forster donne le nom de suçoir et que la science nomme aussi cône végétatif. Les racines sont sans cesse à la recherche d'aliments nutritifs, elles s'activent continuellement et s'étendent à des profondeurs considérables; elles se ramifient en tous sens et produisent ainsi, après un grand nombre d'années, une véritable cotte de mailles qui semble abriter le pivot de l'arbre.

Nous le savons tous, la cellule est le principe de toute vie végétale; depuis les plantes les plus inférieures jusqu'à celles qui étonnent l'œil par leurs gigantesques proportions, toutes ne sont qu'un agrégat de cellules dont les dispositions caractérisent l'individualité de chacune d'elles. Ce sont de petites cavités affectant des formes très-diverses et limitées par une membrane excessivement mince et susceptible de s'accroître, de s'étendre et de se subdiviser avec beaucoup de facilité. Comme je l'ai dit précédemment, ces cavités forment la totalité des végétaux; elles contiennent les sucs nourriciers qui entretiennent la vie des plantes.

Les spongioles situées à l'extrémité des racines s'emparent par succion des dissolutions qui les entourent dans le sein de la terre; ces liquides passent ensuite dans les cellules voisines, et celles-ci, par la propriété qu'ont les tissus poreux organiques ou inorganiques de laisser s'établir des courants au travers de leurs parois, propriété que l'on a appelée endosmique, ces premières cellules communiquent aux cellules supérieures les sucs qu'elles renferment, et ce transport ascensionnel se continuant dans la racine entière, est poursuivi dans tout le corps du végétal; partant des spongioles, les aliments nutritifs se rendent ainsi aux extrémités les plus élevées de la plante.

Les feuilles viennent ensuite apporter les éléments dont elles s'emparent dans l'atmosphère; elles se les assimilent, les élaborent et, toujours en vertu de la propriété endosmique des cellules, cette séve descend jusqu'aux extrémités des racines; ainsi se forment les deux courants séveux que l'on a nommés séve ascendante et séve descendante.

Les racines, après l'abatage du Pin, sont d'autant plus longues à subir les effets de la décomposition que leur âge est plus avancé. Celles des vieux Pins y résistent longtemps à cause de la grande quantité de sucs résineux dont elles sont injectées, car ce n'est qu'après huit ou dix ans de la coupe qu'elles sont arrachées du sol pour la fabrication du goudron. Celles de Pins moins âgés se décomposent plus facilement; j'ai fait à ce sujet plusieurs observations qui m'ont prouvé que la couche externe de l'écorce primaire résistait très-longtemps à la décomposition, tandis que la partie interne du même organe, le cambium et la moelle perdaient en peu de temps leur conformation et étaient détruits par la pourriture.

La tige et les branches. — Le Pin maritime a une tige conique très-élancée et d'un port assez droit; sans offrir une direction aussi régulière que certains autres conifères, il présente cependant des pièces assez verticales et pouvant suffire à la plupart des besoins de l'industrie. Il semble porter avec orgueil son dôme de verdure que les frimats ne peuvent même pas détruire; aussi est-il appelé, ainsi que ses congénères, arbre vert. Le bois du Pin maritime est formé par de nombreuses cellules ponctuées; ses fibres sont larges, ce qui provient de l'absence de vaisseaux proprement dits. Les rayons médullaires[1] sont composés d'un seul plan de cellule, ce qui explique la facilité avec laquelle le bois de Pin se fend sous la pression de la hache.

L'écorce du Pin est unie dans les premiers âges de son existence, mais le développement de la tige venant à se produire avec énergie, elle se gerce, se fendille, se crevasse dans toute son étendue, et voici comment s'explique cette transformation. Il se forme chaque année une nouvelle zone d'épaississement dans le bois et dans l'écorce; la première s'effectue de la moelle vers l'écorce, tandis que la seconde se produit vers l'intérieur du bois; il advient alors que ces deux croissances se choquent, se gênent, et l'écorce étant plus faible, doit éclater sous la pression du développement de la tige.

A l'extrémité de chaque nouvelle pousse annuelle il se forme des bourgeons ou boutons destinés à la production du bois; ils sont appelés bourgeons terminaux caulinaires. Une coupe verticale, vue au microscope, nous montrerait dans leur intérieur et recouvert

[1] Les rayons médullaires peuvent être considérés comme une cloison verticale partageant la tige par des sections planes allant du centre à la périphérie de l'arbre.

par des écailles superposées le germe du bois prochain sous la forme d'un cône, ce qui lui a fait donner le nom de cône végétatif; tel est l'organe qui produit l'élongation annuelle du Pin maritime.

Entre le bois et l'écorce s'accomplit à chaque printemps un épanchement de séve appelée cambium; ce liquide demi-fluide s'épaissit et s'organise en un tissu qui forme la zone annuelle de l'accroissement de l'arbre, et ainsi à chaque nouvelle séve il se forme une nouvelle zone; de telle sorte qu'il est aisé, en comptant le nombre de ces développements, d'avoir le nombre d'années d'existence de l'arbre. Certains auteurs, se croyant assez avancés dans la science forestière, ont établi avec une assurance sans exemple les dimensions annuelles de la croissance du Pin maritime et, prenant leurs principes pour base, ils se sont posé des problèmes et sont ainsi arrivés à des solutions intolérables. Cette croissance du bois dépendant soit de la qualité du sol, soit du climat local, soit de l'exposition, voire des soins qu'on lui donne, il est impossible de tracer à ce sujet une règle certaine qui conduise à une solution d'une exactitude irréprochable. Je m'en abstiendrai donc, ne voulant pas donner sur la culture du Pin maritime des principes qui aboutiraient inévitablement à des résultats excentriques. C'est aussi dans la zone d'épaississement ou cambium que se trouve la séve destinée par son exsudation à l'extérieur à produire la résine ou gemme dont nous parlerons plus loin.

Dans des conditions particulières et toutes locales, il est des sujets qui produisent deux pousses dans certaines années; on dit alors que ces Pins ont eu deux séves; mais la seconde est toujours assez faible et ne dépasse jamais 15 à 20 centimètres en hauteur. Ce surcroît de végétation ne s'observe d'ailleurs que sur les arbres qui n'ont pas atteint leur vingtième année; car, depuis cette époque, la circulation de la séve s'exécutant sur une plus grande étendue, la vie de l'arbre devient plus laborieuse et demande l'utilisation de tous les éléments nutritifs qui peuvent lui être fournis.

J'ai observé, dans les incisions pratiquées pour le gemmage, que la séve s'épaissit en raison directe de la hauteur de l'arbre; qu'ainsi la séve recueillie dans les parties élevées de la tige était plus visqueuse que celle récoltée au pied de l'arbre; je me suis expliqué ce fait en me rappelant que dans son ascension ce liquide dissout sur son passage les éléments cristallisés qui se trouvent dans les cellules; la viscosité du liquide ascendant doit donc augmenter à mesure que le parcours grandit; les éléments à dissoudre étant en plus grande quantité, la sève peut se saturer plus facilement et s'épaissir davantage.

La tige du Pin maritime ne dépasse pas en hauteur une moyenne de 20 à 22 mètres et sa circonférence à 1 mètre de hauteur ne va pas, moyennement, toujours au delà de 1m,70. On cite des sujets de dimensions plus fortes. Nous en avons exploité un nous appartenant et ayant une circonférence de 3m,55. Courrèges, ancien garde domanial dans nos contrées, rapporte, dans les *Annales forestières*, en avoir mesuré d'un circuit de 4 mètres et un même de 4m,70. Vétillart, dans un ouvrage sur la Corse, dit en avoir vu un ayant 5m,50 de circonférence. Nous devons avouer que de tels arbres sont des phénomènes de végétation tout auss extraordinaires que le fameux platane découvert par M. André Michaud sur les bords de l'Ohio et mesurant, à 4 pieds de hauteur, une circonférence de 47 pieds.

Il existe entre les branches et les racines une corrélation des plus appréciables; les proportions entre les unes et les autres paraissent se conserver. Les Pins en massif serré n'ont pas de racines, et les quelques branches qu'ils portent sont faibles et rachitiques. Ceux, au contraire, venus dans un état isolé sont bien plus vigoureux; d'amples ramifications branchues les couronnent, les feuilles sont teintes du vert le plus vivace; les racines s'emparent avidement du sol, et l'arbre montre à l'extérieur une puissante végétation qu'il semble ne pouvoir pas contenir. Nous l'avons déjà vu, les végétaux vivent de deux manières: par leurs organes extérieurs, les feuilles, par leurs organes intérieurs, les racines. Par ces dernières l'arbre s'approprie les substances, tant minérales qu'organiques, qu'il rencontre en dissolution dans le sol; par les feuilles, il absorbe dans l'atmosphère les gaz et les vapeurs nécessaires à son existence; une action chimique s'exerce alors dans ses cellules et sa végétation s'accomplit ainsi.

La quantité de matériaux nutritifs empruntés au sol par les racines est limitée; ceux apportés par les feuilles sont donc aussi mesurés, car l'élaboration qui s'opère dans la plante n'exige qu'une quantité définie de principes gazeux pour la création des composés chimiques qui se forment dans l'arbre. Un certain équilibre doit donc nécessairement exister entre les racines et les feuilles.

Ce principe, d'une évidence mathématique, est le guide du forestier dans l'aménagement et la direction des bois; nous aurons occasion de le rappeler plus tard.

Il se produit sur le Pin maritime, comme sur tous les autres arbres forestiers, un phénomène de décomposition appelé pourriture. On en reconnaît deux genres différents : la pourriture humide, siégeant dans l'intérieur du bois, et la pourriture sèche, prenant souche dans les parties extérieures de l'arbre[1]. Les Pins en décomposition produisent des champignons, qui végètent de la séve pourrie dans le cœur du bois. Aussitôt que l'on s'aperçoit de la pourriture de l'intérieur de l'arbre on devrait l'abattre, car le mal ne fait qu'empirer continuellement; peu étendu quelquefois au début, il grandit bien vite et s'empare d'une notable partie de la tige.

Comme les chênes et bien d'autres arbres forestiers, le pin ne produit pas des bourgeons adventifs le long de sa tige ou de ses ramifications; celles-ci comme celle-là ne se forment que par les bourgeons caulinaires prenant naissance à l'extrémité du jet annuel.

Les feuilles. — Les feuilles du Pin maritime sont hémicirculaires, coriaces, étroites et aciculées; elles sont réunies par deux et, chaque fascicule est placé dans une gaîne de 8 à 10 millimètres. Leur longueur varie de 10 à 20 centimètres suivant l'âge du sujet et les circonstances qui en favorisent le développement. Elles persistent deux étés et tombent au commencement du troisième hiver; leur attachement sur l'arbre est donc de deux ans et demi.

Elles sont composées d'un faisceau vasculaire central et de deux conduits résinifères. Elles apparaissent vers la fin du mois d'avril sur la nouvelle pousse de l'année. Leur couleur, d'un vert-jaune à leur naissance, brunit quand elles atteignent leur complet développement.

L'automne vient et tous les arbres se dépouillent de leurs feuilles; les forêts semblent s'arrêter dans leur végétation et suspendre quel-

[1] Elle se traduit au dehors par la formation d'un champignon appelé *bolet*.

que temps leur existence ; un silence glacial peuple ces lieux, quelques jours avant si gais, si animés, si pleins de cet épanouissement de la nature.

Les forêts de pins perdent sans doute de leur vie et de leur activité, mais jamais elles ne se déparent; une verdure éternelle les couronne et sous un épais manteau de neige se voit toujours le dôme vert qui ne disparaît qu'avec l'existence de l'arbre.

Les cellules de la feuille sont essentiellement actives; s'appropriant les principes gazeux de l'atmosphère qu'elles élaborent dans leur parenchyme vert, elles rejettent les éléments aériformes qui remplissent inutilement le végétal ; il se constitue ainsi une véritable respiration, ce qui faisait appeler par le savant docteur Schacht, « les feuilles, les poumons de la plante. »

Par leur décomposition, après leur chute sur le sol, les feuilles produisent un terreau très-fécondant et dont la surface est employée à la confection des fumiers dans la Gascogne. Thaër a reconnu que l'engrais produit par la décomposition complète des feuilles de pins résineux, loin de le céder en rien à celui qui a été fait avec de la paille, a sur celui-ci des avantages, parce que ces feuilles contiennent beaucoup plus de principes fertilisants que la paille. Pour en juger, je vais exposer les résultats produits par l'analyse chimique sur les pailles de froment et de seigle et sur les feuilles de Pin maritime. Il sera facile à un agriculteur de s'apercevoir que ces dernières contenant plus de principes azotés que les pailles, elles doivent leur être préférées pour litière :

	Jonhston.	Sprengel.	Boussingault.
Potasse.	125	6	92
Soude.	2	8	2
Chaux.	67	68	85
Magnésie.	39	9	50
Oxide de fer et alumine. . .	13	26	10
Acide phosphorique.	31	49	31
— sulfurique.	58	11	10
Silice.	654	816	676
Chlore.	11	9	6
	1,000	1,000	1,000

Voici maintenant l'analyse de la paille de seigle donnée par Jonhston et Sprengel :

	Jonhston.	Sprengel.
Potasse.	173	12
Soude..	3	4
Chaux..	90	64
Magnésie..	24	4
Oxyde de fer.	14	9
Acide phosphorique.	38	18
— sulfurique..	8	61
Silice.	645	822
Chlore..	5	6
	1,000	1,000

Je vais maintenant présenter les analyses faites par M. Becquerel et celles recueillies à l'Institut agronomique de Grignon.

D'après le premier, les jeunes ramifications couvertes de leurs feuilles contiennent :

Carbonate de potasse.	45,6
Phosphate terreux.	31,1
Carbonate de chaux..	28,7
Silice.	11,6
Sulfate de potasse.	8,5
Chlorures alcalins.	1,4
Fer et pertes.	10,1
	136,8

Ce chiffre 136,8, comme le remarque M. Boitel, auquel j'ai emprunté ce renseignement, avait été obtenu par la dessiccation à 100° de 10,000 parties en poids, de la matière à analyser.

A Grignon, des feuilles incinérées ont donné 1744 p. 100 de cendres composées, savoir :

Silice.	0,175
Chaux.	0,304
Magnésie.	0,120
Potasse.	0,397
Soude.	0,364
Oxyde de fer et alumine.	0,065
Acide sulfurique..	0,049
— phosphorique.	0,240
Chlore..	0,030
	1,744

D'après ces indications, on peut être parfaitement fixé sur la valeur de cet engrais végéto-animal. Il est d'une importance considéble pour nos contrées, et lorsqu'il est arrivé à son point complet de décomposition, il produit d'excellents effets sur les terrains où il est appliqué.

Fécondation. — Fleurs et cônes du Pin maritime. — Le Pin maritime est monoïque, c'est-à-dire que les fleurs femelles et les fleurs mâles, quoique séparées entre elles, sont réunies sur le même pied ; elles naissent au printemps et persistent tout l'été sans presque se développer. L'hiver, les fleurs mâles se recouvrent d'une enveloppe brunâtre et membraneuse formée de petites écailles agglutinées entre elles par une matière résineuse. Elles paraissent sous forme de boutons ovoïdes très-petits d'abord et d'une teinte rouge violet.

Les chatons femelles ou cônes prennent naissance à l'extrémité du jet annuel ; ils se forment quelquefois seuls, quelquefois par groupes de trois, quatre et même davantage.

Ces chatons femelles sont fécondés par le pollen, poussière d'un jaune de soufre contenue dans la fleur mâle qui forme, quand elle s'épand, un épais nuage dans les forêts.

Dans la Pl. I, grav. 2, j'ai représenté la fleur mâle du Pin maritime, alors qu'elle est parvenue à son complet développement. Elle est formée d'une granulation serrée de couleur rouge orange et attachée à la base de la pousse qui doit se former dans l'année. Dix à douze jours suffisent pour leur formation ; les premiers vents transportent le pollen qui remplit ces fleurs et le déposent dans les stigmates des jeunes cônes.

Les fleurs femelles ou cônes dessinés dans la Pl. I, grav. 3, apparaissent d'abord sous la forme de petits boutons ; elles se développent dans douze à treize jours et se montrent alors avec la forme qu'elles doivent conserver à l'avenir ; leur texture est encore herbacée et leur couleur est d'un vert pâle. Fécondées dans ces conditions par le pollen qui, sous la forme de tube pollinique, se dissout dans les huiles grasses que contient le jeune cône, celui-ci prend en se développant une enveloppe ligneuse, ses écailles se dessinent, son extérieur se contourne, et dans son intérieur s'accomplit le travail de la formation de la semence. Il arrive enfin graduellement à son développement définitif et il ne dépasse jamais alors une longueur de 16 à 17 centimètres.

J'entrerai dans plus de détails sur les cônes en traitant des semences du Pin maritime.

J'ai donné jusqu'ici une esquisse bien rapide et bien incomplète de la description du Pin maritime. J'aurais dû m'étendre davantage sur toutes les questions que j'ai à peine ébauchées, mais un ouvrage tel que celui-ci ne comportait pas de pareilles explications; cependant on ne saurait assez s'attacher à ces études physiologiques qui doivent être le prélude indispensable des études forestières.

Je dois signaler à l'attention de mes lecteurs, de ceux qu'une lecture passagère ne satisfait pas et qui sentent en eux l'impérieux besoin de tout connaître, de tout approfondir ; je dois leur signaler, dis-je, un ouvrage récemment publié par le docteur Schacht, ayant titre : *les Arbres*. Ce savant et profond physiologiste allemand, auquel la science doit de si judicieuses observations, nous a révélé dans ce dernier travail les faits les plus intéressants de la végétation forestière. Muni d'un microscope achromatique de Sécrétan, j'ai pu suivre pas à pas les phénomènes si sublimes et si multipliés du développement de l'arbre. Cette étude, guidée par un si bon maître, m'a laissé de bien heureuses et bien douces impressions que je chercherai toujours à renouveler.

CHAPITRE II

RUSTICITÉ DU PIN MARITIME — CLIMAT — EXPOSITION

Le Pin maritime est véritablement l'arbre des terres pauvres, il ne demande pas pour croître des terres substantielles et fertiles, il ne lui faut pas des lieux choisis, des situations définies ; ces conditions de végétation semblent peu le préoccuper; il ne veut qu'un sol ayant un peu de profondeur, quelque stérile qu'il soit. Les landes arides et sèches lui conviennent; il entrelace ses racines avec la monotone bruyère et grandit avec hardiesse au milieu du plus complet dénûment du terrain qui le porte. Son seul ennemi est un sol calcaire.

La rusticité de cet arbre a toujours frappé les observateurs ; aussi l'a-t-on utilisé au peuplement des terres incultes et dont l'aridité repoussait toute autre culture.

Le Pin maritime s'est emparé des sables mouvants des côtes du golfe de Gascogne, le fléau dévastateur de nos contrées ; il s'est posé en face de cette mer de sable dont les ondes envahissantes chassaient tout devant elles ; il leur a dit : Vous n'irez pas plus loin, et le fléau s'est tû, et les sables se sont arrêtés. Le Pin maritime se cultive en plaine comme en montagne ; on en trouve en Corse à une altitude de 1,000 mètres au-dessus du niveau de la mer. Il exige quelquefois un abri dans sa jeunesse, quand il a à lutter contre des vents violents ou qu'il a à craindre un déchaussement procuré par une fonte de neige sur une déclivité.

Il est peu difficile sur le climat, seulement nous devons nous rappeler que c'est un arbre des pays chauds et que ce n'est que dans ces situations qu'il donne ses plus beaux produits ; il ne dépasse guère la latitude de Paris ; les froids vifs du Nord, les gelées fréquentes dans ces contrées lui sont très-préjudiciables ; aussi n'y est-il que rarement cultivé.

Dans les climats chauds il est peu difficile sur l'exposition qu'on lui donne et les différences que l'on pourrait rencontrer dans les diverses situations d'une déclivité sont peu sensibles. Mais il n'en est pas ainsi dans les contrées du Nord où il est cultivé. Dans ces situations, il doit être placé aux expositions les moins froides, pour le garantir de la gélivure qu'il subirait aux expositions du nord.

CHAPITRE III

DU SOL CONVENABLE A LA CULTURE DU PIN MARITIME

Notre intention n'est pas d'entrer ici dans des détails scientifiques sur la composition de tous les terrains propres à la culture du Pin maritime. Nous ne voulons pas même demander à la chimie, cette science qui semble cependant aujourd'hui devoir se mêler à tout, les renseignements nécessaires à prouver que tel ou tel sol convient mieux à la culture de cet arbre que tel ou tel autre. Laissant de côté toutes les données théoriques, nous nous bornerons à rappeler quelques faits pratiques, qui, mieux que tout le reste, pensons-nous, nous apprendront à cet égard ce qu'il convient de faire ou de ne pas faire, de prendre ou de laisser, et nous conduiront par une route facile et sûre à un succès certain.

Sans doute, le Pin maritime s'accommode volontiers de bien des sols, même des plus ingrats. Il suffit, pour s'en convaincre, de parcourir les diverses zones dans lesquelles sa culture est en usage.

Nous avons des sujets magnifiques sur des terrains quartzeux comme sur des sols glaiseux, et il ne prospère pas moins dans les terres légères que sur des terres lourdes et tenaces. Partout on le retrouve, non pas, il est vrai, avec une égale puissance de développement, de force et de taille, mais du moins avec tous les importants caractères de ses énergiques principes de vie et de croissance. Orgueilleux et hardi, quelle que soit sa position, notre pin semble n'avoir qu'un but : s'élever et grandir. Il s'élance, s'élance toujours, et paraît ne vivre que de l'ambition de se dépasser sans cesse.

Mais il est cependant pour le Pin maritime, comme pour toutes les autres plantes d'ailleurs, des terrains ennemis. Tels sont les terrains calcaires. Le calcaire et le pin sont irréconciliables, jamais ils ne formeront famille. Il en est de même encore de certains sols caillouteux comme de certaines argiles qui, par leur ténacité, leur dureté invincible, ressemblent à la pierre, et, par conséquent, arrêtent toute végétation en ne permettant pas aux racines de s'enfoncer dans leur sein. — Cette remarque, dans une végétation aussi peu difficile, tous les auteurs l'ont faite. Ils posent tous en principe les restrictions dont nous venons de parler. Pour nous en convaincre, jetons un rapide coup d'œil sur leurs écrits.

L'abbé Rozier, dans son *Cours complet d'agriculture*, t. VII, p. 683, dit : — « Le Pin maritime ne se plaît pas, végète faiblement « et périt de misère, s'il est semé dans les terres calcaires. » Et il ajoute, p. 685 : — « Le Pin maritime vient, à la vérité, dans de « mauvaises terres, mais seulement dans des sols sablonneux... J'ai « vainement tenté de multiplier, dans mon habitation, près de « Béziers, le Pin maritime, et je n'ai pas réussi, parce que le sol est « tenace et calcaire. »

Malesherbes, dans ses *Observations sur les Pins en général et en particulier sur le Pin maritime*, affirme qu'il n'y a aucun arbre à qui les terrains calcaires et crétacés soient plus contraires, qu'il en a fait l'expérience chez lui et que plusieurs de ses amis l'ont faite aussi.

Le marquis de Chambray, dans son *Traité pratique des arbres résineux conifères*, dit, p. 213 : — « Dans le Maine, où l'on ne « sème guère le Pin maritime que sur des sables plus ou moins « arides, plus ou moins substantiels, il réussit très-bien dans un « sable profond, onctueux, couvert d'une couche de terre de bruyère « ou d'une couche de terre végétale. — Le Pin maritime présente « cet avantage inappréciable qu'on peut le cultiver sur des sables « quartzeux si arides qu'aucun arbre, même le Pin laricio et le Pin « sylvestre, ne pourrait y croître. »

Je pourrais citer encore bien des auteurs, tels que Baudrillart, Duhamel du Monceau, Delamarre, Lorentz, Parade, etc., dont les opinions sont en tout conformes aux précédentes, mais je craindrais de devenir fastidieux et de semer l'ennui dans l'esprit de mes lecteurs.

Il nous paraît donc bien prouvé que les terrains calcaires ne sauraient convenir à la culture du Pin maritime. A quoi cela tient-il? Est-ce exclusivement à l'espèce de nourriture que le pin est forcé d'absorber dans ces sols? Ne serait-ce point plutôt à la facilité avec laquelle les jeunes plants se déchaussent en hiver? Ce qu'il y a de certain, c'est que cet inconvénient existe dans toutes les terres légères, peu profondes, où l'on pratique les semis.

Pour que le Pin maritime réussisse vraiment dans les terres légères, il faut donc, selon nous, que ces terres aient une très-raisonnable profondeur. Et notre assertion est conforme à l'opinion des maîtres.

Le sable quartzeux est très-convenable à la végétation du Pin. Il suffit, pour s'en convaincre, de contempler les résultats magnifiques obtenus par les semis qui ont été exécutés sur les sables mouvants du littoral du golfe de Gascogne, depuis 1787. C'est pour parvenir à les fixer que l'illustre Brémontier entreprit de faire des semis de Pin maritime, et soixante-dix années écoulées sont venues couronner son œuvre d'un plein et glorieux succès.

Un terrain marécageux convient encore au Pin maritime, pourvu que le collet des racines ne soit pas submergé par les eaux. Ainsi, nous avons ici des pins qui ont été semés il y a trente ans sur la berge d'un fossé entourant un marais ; ils sont parfaitement venus, et ils ont actuellement, à un mètre de leur pied, une circonférence de $1^{m},10$. Le chevelu de ces arbres pénètre dans le fond marécageux qui leur sert de base, et c'est là précisément qu'ils puisent les aliments de leur végétation. Duhamel du Monceau a fait la même observation dans son *Traité des semis et plantations*. Cependant je ne conseillerais pas une telle culture en grand ; elle aurait des insuccès infaillibles.

Nous avons enfin des terrains argilo-siliceux qui produisent des pins d'une beauté remarquable. Nous en avons ici qui, âgés de quatre-vingt-dix ans, ont, toujours à un mètre de leur pied, une circonférence de $1^{m},90$ en moyenne.

Ainsi l'on peut conclure que tous les terrains, sauf les calcaires, s'accommodent volontiers de la culture du Pin maritime. Mais il ne s'ensuit pas que tous lui conviennent à un égal degré. Avancer une pareille opinion, ce serait rendre absurde une vérité de principe. Cet arbre a, comme tous les autres, un sol privilégié au sein duquel il vit avec plus d'audace, avec plus d'ampleur, et où il montre avec plus d'énergie toutes les beautés types de son espèce. Pour lui, ce sol privilégié est le sable quartzeux de nos côtes de Gascogne. C'est du sein même de cette aridité désolante que s'élèvent et grandissent nos plus belles forêts.

Une telle végétation étonne et confond. A son aspect, le voyageur est tenté de croire à un mirage trompeur. J'établirai plus tard les raisons de cette anomalie apparente, et cette belle croissance paraîtra toute naturelle, lorsque nous en aurons compris toute la simplicité cachée.

Trois conditions essentielles sont réclamées du sol par le Pin maritime pour atteindre le succès. Ainsi, le sol doit être profond, il doit être perméable et posséder une certaine humidité.

Profondeur du sol. — Le sol doit être profond. Il suffit des connaissances les plus élémentaires en agriculture pour comprendre toute la portée de ce principe. Il est bien évident, en effet, que plus le sol est profond, plus les racines y circulent en liberté, et plus par conséquent elles trouvent de nourriture à absorber. Cette nourriture d'ailleurs est bien plus abondante que dans les couches étroites. Ici, les racines des plantes, n'ayant pour s'alimenter qu'un petit espace, ont promptement épuisé tout ce qui s'y trouve. Les aliments nouveaux ne sauraient se former assez vite pour répondre à tous les besoins. Ainsi l'arbre, dans de tels sols, est toujours réduit à l'abstinence. Il ne saurait donc prospérer. Il n'en est pas de même dans les sols profonds. Le vase est large et les années l'ont abondamment fourni; l'arbre ne saurait jamais le vider. Car, tandis qu'il prend, la nature rend pour le moins autant, et il s'ensuit une permanente abondance. Nous pouvons donc en théorie poser ce principe : La beauté des sujets est en raison directe de la profondeur du sol.

Et si nous voulons nous convaincre pratiquement de la vérité de ce principe, nous n'avons qu'à jeter les yeux sur les semis et plantations exécutés sur des couches étroites, sur des terrains d'une insuffisante profondeur, et dont le sous-sol soit, par exemple, un tuf imperméable. Quelque temps après leur mise en terre, les sujets languissent, dépérissent, se sèchent et meurent. A quelle cause doit-on attribuer un résultat aussi fâcheux ? Au peu de profondeur du sol. Car, considérez la manière dont se comporte ce terrain dans les diverses variations atmosphériques. Par les grandes pluies, il est complétement submergé ; l'eau ne trouvant pas d'issue pour traverser la couche imperméable, elle séjourne à la surface et s'accumule jusqu'à ce que les beaux jours soient revenus. Ceux-ci arrivés, vous croyez peut-être que le sol va s'améliorer. Il n'en est rien. Ce temps de renaissance et de vie, ce temps sous l'influence duquel tout prospère, ne porte à l'arbre, placé dans ces conditions, que la souffrance et la mort. Le soleil paraît à peine que déjà cette accumulation des eaux disparaît. Toute l'humidité que la terre contient, amenée à la surface par la capillarité, le terrible siccateur l'enlève par une évaporation toujours active et sans cesse renouvelée. Bientôt tous les éléments nutritifs ont disparu, et il ne reste dans le sol qu'une aridité désolante, inévitable cause d'une inévitable ruine.

Telle est la composition d'une partie du sol des Landes de notre département et de celui de la Gironde. La couche arable est très-faible. J'ai même vu des plaines à la surface desquelles il ne se trouvait pas la moindre trace de terre végétale. La stérilité qu'on y aperçoit n'est que le triste apanage d'un terrain composé d'un tuf ferrugineux, la terrible pierre d'achoppement où sont venus se briser les projets les plus souriants. Que l'on examine, au contraire, un pin venu dans un terrain profond. Ses feuilles se parent d'une verdeur indice d'une luxuriante végétation ; ses branches s'étalent avec force ; ses jets annuels sont vigoureux et rapides. Que l'on pénètre ensuite dans le « grand laboratoire de la nature, » comme dit le savant Humfry Davy, que l'on fouille le sol, tout d'abord le regard découvre un pivot long, vigoureux, capable de résister à toutes les fureurs de la tempête ; et puis ce sont d'innombrables ramifications latérales ou racines secondaires qui s'étendent capricieusement en tous sens. De toutes parts enfin, on trouve là une activité incessante, un travail énergique, qui se trahit à l'extérieur par une végétation aussi rapide que belle.

Il faut vous en tenir à ce principe et l'admettre sans appel ; une des qualités essentielles du sol sur lequel on veut pratiquer des semis de Pins maritimes est la profondeur nécessaire à l'alimentation généreuse du sujet.

Perméabilité du sol. — Le sol doit être perméable. Ce qui précède a déjà prouvé l'évidente nécessité de cette condition géologique. Ce n'est ni dans l'aride pierre ni dans une terre de boue que l'arbre prospère. Ce n'est ni dans la terre où l'eau s'échappe comme à travers un crible ni dans celle qui retient l'eau comme une éponge, qu'on peut attendre de l'arbre une féconde et puissante végétation. Il lui faut, surtout s'il est d'un ordre supérieur, un large espace pour s'implanter énergiquement dans le sol, et, quelque avide qu'il soit de nourriture, jamais il ne veut boire qu'à sa soif. Ce n'est donc ni dans les terrains où tout brûle en été, ni dans les sols où tout nage au gré de l'onde en hiver, que le propriétaire intelligent ira déposer ses espérances de fortune et d'avenir. Il sait d'ailleurs qu'aux racines de l'arbre qui doit un jour porter hautement la tête au-dessus de la terre, il faut un piédestal bien constitué, solide et ferme en tout temps. Gardons-nous donc de condamner nos Pins superbes à vivre sur une couche mince qu'ils ne pourraient franchir, eux qui ont tant de besoin de se cramponner à la terre pour lutter ensuite avec avantage contre les tourbillons de la tempête et les furieux élancements de l'ouragan.

L'humidité du sol. —Nous dirons enfin que le sol doit posséder une certaine humidité; il serait inutile de prouver ici que l'humidité est une des conditions nécessaires à la végétation. Personne n'ignore, en effet, que c'est elle qui décompose dans le sol les principes nutritifs et les rend assimilables au chevelu des plantes. Mais tout le monde sait aussi qu'elle est une conséquence de la profondeur du sol.

Sous le rapport hydroscopique, le sable salé de nos côtes est très-favorable à l'entretien de l'humidité, ou, si vous voulez, de la fraîcheur, dans le sein de la terre. On la trouve à 15 ou 20 centimètres de la surface; aussi la végétation s'en ressent-elle énergiquement.

Cependant, répétons-le, il ne faut pas que le sol soit habituellement trop humide, un tel sol ne donnerait que des produits chétifs. De même que, pour les animaux, une nourriture continue trop aqueuse débilite l'estomac et détruit la santé, de même, pour les plantes, une eau incessamment pompée par les racines porte dans l'organisme la faiblesse et la langueur. Il y a donc une certaine limite en deçà et au delà de laquelle les bons résultats s'évanouissent. Mais on peut assainir les sols trop humides. Les forestiers anglais pratiquent avec un soin admirable l'opération du drainage dans les plantations où l'eau demeurerait trop longtemps stagnante sur le sol ; ils lui ouvrent un cours régulier, en creusant des fossés et des rigoles dans toutes les directions convenables. Ajoutons, toutefois, que cette opération veut être faite avec discernement. En principe, on doit utiliser les eaux qui peuvent convenir au développement de la végétation et les conserver sur le sol, tant qu'elles ne sont pas évidemment nuisibles.

CHAPITRE IV

DE LA PRÉPARATION DU SOL POUR LA CULTURE DU PIN MARITIME

Par préparation du sol, nous entendons ici l'opération qui consiste, non-seulement à nettoyer la terre des plantes ou arbustes qui pourraient s'y trouver, mais encore à mettre cette terre dans l'état de division le plus convenable à la végétation du Pin.

Or, c'est ici le point où la controverse s'est surtout donné libre carrière. Les opinions les plus diverses ont été émises tour à tour par nos forestiers. Les uns, partisans d'une préparation peu soignée, ne veulent pas admettre que des labours intelligemment exécutés peuvent être utiles à la rapide croissance de l'arbre; les autres soutiennent, au contraire, que c'est là une condition essentielle de succès, et présentent à l'appui de leur thèse l'influence si considérable qu'exercent sur les céréales les façons données à la terre destinée à les porter.

Ce rapprochement nous paraît un peu forcé. Écartons-le donc, renfermons-nous scrupuleusement dans la spécialité du sujet et disons, non pas ce que notre imagination nous a dicté, mais ce que l'expérience nous a appris.

La question à résoudre est celle-ci : Les labours profonds sont-ils nuisibles à la culture du Pin maritime? doivent-ils être abandonnés?

Si nous en croyions MM. Larminat et Delamarre, nous répondrions oui. Tous deux, en effet, prétendent qu'un terrain trop profondément labouré présente le double inconvénient, et de faire réchaud, par conséquent de dessécher les filaments ou racines des jeunes sujets, et de les exposer au déchirement, qui les fait périr, par suite du tassement insensible d'un terrain remué à une trop grande profondeur.

Le premier reproche que ces forestiers adressent aux labours profonds s'évanouit devant l'expérience et ne souffre pas la moindre discussion. Si quelque chose est constant en agriculture, c'est que plus un terrain est remué profondément, plus il est apte à retenir une fraîcheur salutaire, et conséquemment le sol ainsi préparé ne saurait ni faire réchaud ni dessécher les racines, comme l'admettent MM. Larminat et Delamarre. Quant au second chef d'accusation, nous dirons tout à l'heure le moyen de le détruire.

MM. Lorents et Parade, dans leur *Cours de culture des bois*, p. 519, partant de ce principe que la plupart des graines ne souffrent d'être recouvertes que très-peu, soutiennent que, par un défoncement complet et soigné, on met la semence dans l'impossibilité de se développer, parce que la terre ameublie à la surface se dessèche jusqu'à une profondeur plus grande que celle à laquelle est placée cette semence. Ils condamnent donc les labours profonds et ne les admettent point dans une culture intelligente des forêts. Aux auteurs et partisans de cette opinion, je répondrai par l'exemple des sujets venus sur les semis exécutés dans les sables arides du golfe de Gascogne. Assurément, ce sol réunit toutes les conditions défavorables dont ils parlent, et pourtant quels magnifiques résultats! C'est que la graine de Pin maritime se développant rapidement, l'extrémité des racines se place en peu de temps hors de l'atteinte d'une dessiccation qui frapperait le tout à mort si elle se trouvait plus près de la surface. Or, il est évident que cet avantage ne saurait être obtenu que dans un sol profondément remué; là seulement, les racines ont toute liberté pour enfoncer. Dans le cas contraire, ne pouvant pénétrer dans le sein de la terre, elles sont obligées de courir à la surface, et c'est alors qu'existent réellement les dangers dont parlent les auteurs que nous venons de citer.

Les effets du tassement du terrain causent parfois de grands dommages aux radicelles des jeunes sujets, et ces résultats, envisagés en dehors des moyens propres à les prévenir, seraient, il faut le dire, une raison suffisante pour faire rejeter la méthode des labours profonds. Mais on peut obvier à ces inconvénients. Il suffit pour cela de laisser plomber un peu le terrain avant de répandre la graine à sa surface. On peut opérer mécaniquement ce tassement du sol. On se sert, à cet effet, d'un rouleau dont le poids doit être proportionné à la ténacité de la terre. Je puis ici fournir des faits basés sur ma propre expérience. Ayant à peupler un terrain en Pins maritimes, je fis exécuter sur la moitié de la superficie un léger labour, et, sur l'autre, un labour plus profond ; j'y ai répandu la semence, et j'ai ainsi de part et d'autre obtenu des sujets d'une très-belle venue, mais de telle sorte cependant qu'une différence existe dans les deux moitiés. Celle dans laquelle le labour a été le plus profond offre une végétation plus vigoureuse que l'autre : je ne puis l'attribuer qu'à la différence de culture. Ce terrain est entouré d'un fossé, sur la berge duquel j'ai répandu des graines de Pin maritime ; la végétation des sujets qui en sont sortis est vraiment remarquable : ils sont âgés de quatre ans et ont une hauteur moyenne de $1^{m},95$, tandis que ceux qui se trouvent à côté, sur le même sol, n'ont qu'une hauteur de $1^{m},40$.

J'ai conclu de ces expériences, et je crois que tout le monde devra conclure avec moi, que les Pins venus dans un terrain meuble et bien défoncé (la berge du fossé réunit évidemment ces conditions) ont un grand avantage de croissance sur les sujets venus dans des conditions opposées de culture.

Cependant, qu'on le remarque bien, je n'entends pas soutenir que les labours profonds exercent toujours une influence aussi heureuse sur les semis de Pins ; ce serait me renfermer dans un système trop exclusif et qui ne convient pas à mes principes. Une distinction doit donc être faite, car la composition des sols étant très-variable, il s'ensuit qu'une même culture ne peut être appliquée de la même manière dans tous les cas.

Et d'abord, les labours profonds ne doivent être pratiqués que sur des sols de grande épaisseur ; on doit éviter le danger de ramener à la surface un sous-sol qui pourrait être de nature à détruire la fertilité du sol lui-même, car alors le propriétaire ferait un travail qui lui serait très-préjudiciable.

On doit donc, avant d'exécuter une telle opération, prendre certaines précautions et s'assurer, par de nombreux sondages, de la profondeur du sol, et, quand celui-ci a trop d'épaisseur, se rendre un compte exact des qualités du sous-sol qui doit être remué.

Lorsque le sous-sol est d'une mauvaise nature, un tuf imperméable par exemple, on doit se garder d'exécuter des labours qui auraient pour conséquence inévitable la dessiccation de la jeune plantule. J'ai expliqué précédemment quelle était l'influence désastreuse qu'exerçaient les variations atmosphériques sur les sujets mis dans de tels terrains. Ces effets, on le conçoit, s'accompliraient encore bien plus rapidement après un labour qui, en détruisant la compacité de la terre, établirait une communication facile entre l'atmosphère et l'intérieur du sol. Il faut donc, dans de telles circonstances, abandonner tout défrichement et ne faire de défoncements que le moins qu'il sera possible.

Lorsque je n'ai pu, à cause de la ténacité du sol et des nombreuses plantes à racines traçantes qui le couvraient, faire exécuter des labours, je me suis servi du moyen tout aussi efficace, mais plus coûteux, du défoncement à la pioche ; j'ai fait pratiquer cette opération plusieurs fois et toujours sur une épaisseur de sol de $1^{m},25$ environ. Cela terminé, je fais donner un bon hersage, afin d'aplanir le sol. Je me suis très-bien trouvé de cette pratique, mais je l'ai abandonnée, vu son prix élevé, toutes les fois que, par un labour, j'ai pu préparer la terre à recevoir la semence du Pin maritime.

J'ai eu à ensemencer un terrain où la culture des céréales avait été abandonnée ; il était couvert de plantes herbacées et traçantes qui auraient pu gêner la végétation du Pin maritime ; j'y ai fait exécuter un hersage énergique, et cette opération a suffi pour me permettre le peuplement du terrain.

Enfin, dans tous les semis que j'ai pratiqués, et je l'ai fait de bien des manières, je me suis toujours attaché à nettoyer le mieux possible le sol qui devait recevoir la semence du Pin maritime, et c'est là le soin que je me permettrai de recommander à tous les propriétaires qui voudront faire des peuplements forestiers.

CHAPITRE V

FORMATION DES FORÊTS DE PINS MARITIMES. — ÉPOQUE DES SEMIS

Le Pin maritime ne se reproduit que par semis ; il ne *drageonne* pas et ne naît pas de boutures comme bien d'autres arbres. Les forêts de cette essence ne se forment donc que par le semis et la transplantation ; ce sont les deux seuls moyens possibles de cette création.

Une question se présente naturellement ici : *Quelles sont les époques dans lesquelles doivent se faire les semis?*

Les opinions les plus diverses ont été émises à ce sujet : les forestiers s'y sont donné libre carrière et de longues discussions ont été soutenues sur le choix de cette époque ; mais aujourd'hui la sylviculture est fixée et les semis se font en automne et au printemps, suivant les conditions et la situation géologique des terrains à peupler.

Semis d'automne. — Nous l'avons déjà dit, le Pin maritime est très-sensible aux froids intenses de l'hiver ; il en est vivement attaqué, et son existence, dans des circonstances qui peuvent favoriser cette influence des gelées, est souvent bien compromise. On doit donc, dans la création d'une forêt, ne pas oublier cette sensibilité. Les semis d'automne ne doivent pas s'exécuter sur des terrains humides, lesquels produisent de trop violentes gelées et compromettent ainsi l'avenir du peuplement. Toutes les fois que des conditions spéciales de situation d'altitude, d'exposition, etc., devront faire pressentir des froids vifs pendant l'hiver, les semis seront faits avec bien plus de chances de réussite au printemps. La jeune plumule, à son apparition sur le sol, a une texture herbacée ; on conçoit alors que l'action que les gelées peuvent exercer sur elle, puisse ne pas lui être très-favorable. Mais toutes les fois que de tels résultats ne seront pas à craindre, on fera bien d'exécuter des semis depuis le mois de septembre ou octobre, et on pourra les continuer jusqu'à la fin du mois d'avril suivant.

Semis du printemps. — Les semis du printemps se pratiquent dans les mois de mars et avril, même dans le mois de mai ; cependant je signalerai plutôt le mois d'avril comme étant le plus favorable à l'éclosion de la graine. Ces semis peuvent être exécutés sur tous terrains ; mais les sols quelque peu humides se peuplent mieux à cette époque que les terrains secs et arides ; pour ces derniers, je conseillerais le semis d'automne toutes les fois qu'il sera possible de le pratiquer. Pendant l'hiver, les semences trouvent toujours dans le sol assez d'humidité (apportée par les pluies) pour germer et se développer ; dans le printemps, au contraire, la siccité de la température peut quelquefois être un sérieux obstacle au peuplement des sols élevés.

Certains forestiers ont vanté les semis faits en été dans les mois de juin, juillet et août ; je ne les ai pas expérimentés, cependant tout me fait supposer qu'ils entraînent bien des déboires ; M. Crouzet, ingénieur en chef des ponts et chaussées, le savant directeur du domaine impérial de Solferino, dans les Landes, dans un compte rendu publié dans le *Moniteur* du 11 octobre 1859, des travaux forestiers qu'il a fait exécuter, nous dit avoir toujours subi des déceptions dans les peuplements faits en été ; il en a abandonné la pratique et il n'exécute les semis que depuis le mois de septembre jusqu'au mois de mai. Ce sont les époques que l'expérience et les succès indiquent toujours.

La transplantation du Pin maritime doit se faire dans les mois de février et mars alors que la séve commence à circuler dans les jeunes plants. On conçoit le choix de cette époque ; il est évident que, dans la morte séve, la reprise des sujets serait quelque peu chanceuse, et que, dans la grande activité de la végétation, les blessures faites aux racines des jeunes arbres par l'arrachage lui seraient très-préjudiciables. Aussitôt que les froids ne sont plus à redouter et que les approches du printemps se font sentir, on doit donc immédiatement procéder à la plantation du Pin maritime.

CHAPITRE VI

DE LA SEMENCE DU PIN MARITIME

Comme nous l'avons dit précédemment, le Pin maritime produit des fleurs appelées cônes, et vulgairement pignes; ce fruit est composé d'écailles ligneuses agglutinées ensemble, attachées à un axe commun et partiellement superposées les unes sur les autres, en sorte que leur extrémité seule est apparente; les semences sont logées entre ces écailles; elles en tombent vers le mois d'avril pour former de nouveaux plants (V. Pl. I, grav. 4).

Il est incontestable que, pour qu'une graine puisse reproduire un sujet de son espèce, il faut qu'elle soit parvenue à sa parfaite maturité; pour le Pin maritime, cette maturité arrive vers la fin du mois de décembre; mais, comme nous venons de le dire, ce n'est que vers le mois d'avril que les semences s'échappent de leur gaine sous l'influence calorifique d'un soleil printanier. Il faut donc que la récolte des cônes se fasse entre ces deux époques, et c'est ce que l'on pratique dans nos contrées.

Cueillette des cônes. — Différentes méthodes existent et différents moyens sont employés à recueillir les cônes; nous allons les examiner successivement en nous permettant d'établir notre opinion à leur égard. Le Pin porte des fruits à l'âge de huit ou dix ans; cependant, ce n'est pas sur de semblables sujets que l'on doit les choisir; il faut les prendre sur des arbres sains et forts, âgés de trente à quarante ans, et dont l'aspect montre une végétation vigoureuse. Il est encore une remarque essentielle à faire, c'est que les cônes restant deux années sur l'arbre, il pourrait résulter des méprises désagréables et un travail inutile si l'on n'était prévenu; on choisit donc les fruits qui ont acquis toute leur grosseur et seulement ceux qui sont placés aux extrémités des branches latérales sur l'avant-dernière séve; ceux placés tout à fait au sommet des branches n'étant pas mûrs et ceux se trouvant vers le tronc étant vides de graines.

Il est un usage trop malheureusement répandu pour la cueillette des cônes; celui de les faire tomber au moyen d'une perche munie d'un crochet à un de ses bouts : on fait ainsi grand tort aux arbres en les écorçant et en leur enlevant presque toujours, soit des feuilles, soit des jeunes jets. On ne saurait donc trop proscrire cet abus, et les propriétaires ne pourraient montrer assez d'autorité pour empêcher de semblables destructions.

Un moyen dont on se sert encore, moyen aussi barbare qu'inintelligent, consiste à battre, toujours avec une longue perche, les branches des arbres sur lesquels on aperçoit quelques cônes; je ne dirai pas l'indignation que soulève une semblable méthode de récolte, non plus que le préjudice considérable que l'on cause ainsi à la vie et à la végétation du Pin.

Enfin, la pratique malheureusement la moins suivie, et cependant la meilleure et la plus profitable, consiste à monter sur les arbres avec une simple échelle, et à faire tomber les cônes au moyen d'une barre de deux à trois mètres de longueur, munie à une de ses extrémités d'un trident façonné, comme l'indique la grav. 4, Pl. I. La partie supérieure de cet instrument est tranchante sur tous ses côtés; ce qui facilite considérablement les récoltes des cônes sans endommager le sujet; on les fait ainsi tomber autour du Pin, on les ramasse ensuite pour les transporter au séchoir.

C'est la méthode suivie par les forestiers les plus intelligents de nos contrées; elle devrait par sa bonté faire disparaître toutes les autres.

Il est encore bien d'autres moyens de récolter les cônes; mais nous ne croyons pas nécessaire d'en donner la description; le précédent devant être le seul recommandé et le seul suivi.

Les cônes étant cueillis, il s'agit maintenant de les faire éclore et de faire distendre leurs écailles pour enlever la graine qu'elles enserrent.

Extraction des semences. — L'extraction des semences s'opère : 1° par la *chaleur naturelle* (ou solaire); 2° par la *chaleur artificielle*. La première méthode est, sans contredit, celle qui donne la meilleure graine, mais elle a contre elle le désavantage d'exiger un temps trop long, surtout lorsqu'elle s'applique à une quantité assez considérable de cônes. On a donc remédié à cette lenteur quelquefois très-préjudiciable, et l'extraction des semences s'opère dans certains cas au moyen de la chaleur artificielle.

Quand les semis que l'on doit faire ne sont pas très-étendus, il vaut beaucoup mieux agir par la méthode naturelle, car alors la bonté des semences peut être toujours garantie.

On est dans l'usage ici d'étendre les cônes sur des aires à battre le grain, et de laisser au soleil le soin de faire écarter les écailles ligneuses des cônes et d'en détacher les semences.

Il est évident qu'une semblable méthode est très-longue quand on veut se procurer une certaine quantité de graine. Il faut donc renoncer à mettre celle-ci en terre dans l'année courante, ce qui occasionne un retard dans le semis. Aussi cette éclosion naturelle a-t-elle été perfectionnée par nos forestiers les plus distingués.

Voici, à ce sujet, les renseignements très-exacts que donne M. le marquis de Chambray, dans son *Traité pratique des arbres résineux conifères* (page 14) : « Il serait donc utile, dit-il, de pouvoir « se procurer de la graine extraite au soleil avant le 1er avril; j'ai « trouvé que cela était ordinairement facile sous le climat de Paris, « et pouvait être exécuté économiquement sur une assez grande « échelle.

« Le moyen que j'ai employé consiste à placer les cônes sous « une bâche bien close, et abritée du côté du nord et de l'est; il « suffit de les y mettre du 1er au 15 février, et quelquefois même « plus tard pour que, presque toujours, ils se soient ouverts et aient « laissé échapper leurs graines avant le 1er avril. Pour opérer en « grand, on ferait construire une bâche d'une largeur convenable

« et d'une longueur dépendant de la quantité de cônes qu'on vou-
« drait y mettre. Elle serait garnie de claies, telles que je les ai dé-
« crites, sur lesquelles on placerait les cônes, et elle serait pavée
« pour qu'on pût facilement retirer les graines avec un balais; on
« on ne donnerait à cette bâche que la profondeur strictement né-
« cessaire pour le service auquel elle serait destinée. Le meilleur
« abri serait de hautes murailles, mais une futaie, un taillis assez
« âgé ou une large et forte haie suffirait. J'ai tenu note d'une extrac-
« tion de graines que je fis ainsi en 1844. Le 20 février, je mis
« sous une bâche des graines de Picéa, de Mélèze, de Pin sylvestre,
« de Pin laricio et de Pin maritime; le 8 mars, j'ajoutai des graines
« de Pin sylvestre et de Mélèze, qui s'ouvrirent aussitôt que ceux
« qui avaient été mis le 20 février. Le 1er avril, les cônes de Pin
« laricio avaient achevé de laisser tomber leurs graines, les cônes
« de Picéa, de Mélèze et de Pin sylvestre les eurent laissé tom-
« ber en même temps, et enfin les cônes de Pin maritime le 11 avril
« seulement. »

Si de tels succès sont possibles sous le climat de Paris, il est évident que, sous des latitudes bien plus favorables à cette extraction, on pourrait se procurer des graines bien avant le 11 avril. Il serait donc possible de mettre en terre dans ce mois des semences dont les cônes auraient été cueillis dans les mois de janvier ou février.

Le problème d'une éclosion rapide et naturelle est donc résolu, et, le plus qu'il sera possible, on devra se servir de la méthode précédente et abandonner l'extraction des graines par des moyens d'éclosion artificiels.

Dans nos contrées, il est un usage aussi malentendu qu'il est dangereux : celui de faire éclore les cônes dans des fours à la chaleur du feu. On le conçoit aisément, une semblable méthode ne peut qu'être préjudiciable à la bonté de la graine; car, que la température du four soit trop élevée, le germe se dessèche, se calcine, et les semences deviennent improductives.

Cotta assure que ces graines perdent leur faculté germinative quand elles subissent une température supérieure à 35° Réaumur.

Ce n'est qu'avec de grands soins que l'on peut sauvegarder une partie des semences, d'une calcination inévitable. MM. Delamarre, de Chambray et bien d'autres ont réussi avec des graines ainsi produites à créer des semis; ils ont réussi, et cependant ils n'admettent pas un semblable procédé. Que des hommes intelligents et soigneux se procurent ainsi des semences de bonne qualité, je l'admets jusqu'à un certain point ; mais que l'on ne prétende pas vouloir généraliser ce mode d'extraction ; entre les mains des spéculateurs, il devient dangereux, et l'acheteur est frustré lorsqu'il s'approvisionne chez eux ; c'est ce qui m'est arrivé. Je semai de la graine que je m'étais procurée; le semis était fait avec grand soin ; cependant l'année se passa, et à peine quelques rares pieds de Pin paraissaient-ils sur le sol ; j'allai aux informations, et je sus que la personne qui m'avait vendu cette semence l'extrayait des cônes au moyen de la chaleur d'un four ; l'insuccès de mon semis me fut expliqué; je fis alors moi-même éclore les cônes à la chaleur solaire ; je me procurai ainsi des graines qui m'ont donné des sujets magnifiques.

Que cette vieille méthode soit donc abandonnée, et que l'on admette les moyens plus récents et plus rationnels que le progrès a créés et perfectionnés.

Je l'ai dit, par des hommes intelligents et soigneux, l'extraction des graines par des moyens artificiels est possible; depuis longtemps l'administration des forêts l'a compris ; et, dans ce but, elle a créé à Fontainebleau une sécherie capable de fournir annuellement une grande quantité de graines de conifères. Elle est construite d'après celle de Haguenau (Bas-Rhin) ; voici, au sujet de cette dernière, la description qu'en a faite M. Rich, gérant de cette sécherie ; elle est extraite des *Annales forestières* de septembre 1843.

M. de Chambray en a donné une analyse que je vais reproduire ici. « La sécherie de Haguenau, dit-il, se compose d'un bâtiment « rectangulaire terminé par deux pignons ; les murs latéraux ont « $2^m,50$ de hauteur, les pignons $8^m,85$; le bâtiment a 10 mètres « sur 15 mètres de dedans en dedans ; il est divisé en trois pièces, « qui aboutissent sur les pignons, et qui ont par conséquent 10 mè- « tres de long ; celle du milieu est une étuve. La pièce de droite a « $3^m,70$ de large, une porte d'entrée sur le pignon avec une fenêtre « au-dessus et une autre porte au milieu du mur de refend, la- « quelle est l'entrée de l'étuve ; cette pièce est carrelée en pierres, « sert au nettoiement des graines, et l'on y dépose les ustensiles, « tels que vans, cribles et moulin à nettoyer les graines. La pièce de « gauche a $2^m,70$ de large et une porte d'entrée sur le pignon avec « une fenêtre au-dessus ; on a placé dans le mur de refend les portes

« de deux calorifères qui se trouvent dans l'étuve; on met dans « cette pièce un lit pour les ouvriers, et l'on y dépose les cônes qui « ont passé à l'étuve et qui servent à chauffer les calorifères.

« L'étuve a 6 mètres de large et 7^{m},25 de haut; elle est divisée « en trois étages; il y a entre le rez-de-chaussée et le premier étage « 1^{m},80, entre le premier étage et le second 1^{m},50, entre le second « étage et le troisième 1^{m},50, et entre le troisième et son plafond « 1^{m},80. Le rez-de-chaussée, éclairé par une fenêtre percée dans « le pignon, est carrelée en pierres et contient deux calorifères, « desquels sortent des tuyaux qui chauffent les trois étages; des « chapeaux en tôle sont suspendus au-dessus de ces calorifères « pour empêcher que les graines ne tombent dessus. Les trois éta- « ges sont construits avec des lattes espacées de 0^{m},02, reposant « sur des poutrelles qui sont supportées par des poutres; chaque « étage est éclairé par une fenêtre pratiquée dans le pignon. La fe- « nêtre du troisième étage sert en outre à y introduire des cônes au « moyen d'une poulie qui est placée au-dessus; il est divisé en deux « grandes cases égales, destinées à recevoir chacune 20 hectolitres « de cônes. Il y a une cheminée d'appel dans un angle pour donner « issue à la vapeur; elle est ouverte au rez-de-chaussée et à cha- « cun des étages. Dans un autre angle se trouve une échelle qui « règne depuis le rez-de-chaussée jusqu'au troisième étage et par « laquelle on communique de l'un à l'autre; des ouvertures servent « à faire descendre les cônes d'un étage dans l'étage inférieur.

« Pour procéder à l'extraction de la graine, on charge la séche- « rie de cônes en mettant 20 hectolitres de cônes sur le premier « étage, autant sur le second et 20 litres dans chacune des cases « du troisième étage: en tout 80 hectolitres. On allume alors les « calorifères et l'on entretient pendant 36 heures un feu lent et « égal, si les cônes, ayant été récoltés avant les grands froids, sont « encore verts. Lorsque ceux du premier étage commencent à « s'ouvrir, on les arrose, on les retourne, on les change de place « au besoin, et l'on élève la chaleur jusqu'à 35 et au plus 38° cen- « tigrade; les graines qui en sortent pendant cette opération « tombent au rez-de-chaussée. Au bout de quelques heures, on « arrose encore les cônes et on les retourne de nouveau en rem- « plaçant ceux du milieu, qui s'ouvrent toujours les premiers, « par ceux des côtés; puis, lorsqu'ils sont entièrement ouverts,

« on les fait tomber par une ouverture pratiquée, exprès dans « une caisse en lattes à claire-voie, en forme de carré long, qui « est suspendue sous le plancher; cette caisse sert à les transporter « dans la pièce destinée au nettoiement des graines; mais celles « que l'on obtient ainsi, étant ordinairement en petite quantité « et de mauvaise qualité, je croirais préférable de faire passer « tout de suite les cônes dans la pièce gauche, par une ouverture « qu'on pratiquerait au mur de refend, pour y être employés à la « combustion.

« Le plancher du premier étage étant débarrassé des cônes qu'on « y avait mis, on le nettoie et l'on y fait tomber les cônes qui se « trouvent sur le second étage; on les étend uniformément et on les « arrose, puis on les couvre d'une toile destinée à recevoir les « graines qui sortent pendant que l'on fait tomber les cônes de « l'une des cases du troisième étage sur le deuxième étage, où on « les étale; on remplit ensuite cette case par des cônes frais. On « rallume alors le feu, et douze heures après on arrose, on retourne « et l'on change de place au besoin les cônes du premier étage; on « fait subir la même préparation à ceux du deuxième étage, après « avoir couvert ceux du premier étage d'une toile. Après ce travail « sur les planchers, on ramasse les graines et on les porte dans la « chambre où l'on en fait le dépôt. Par ces opérations successives, « qui une fois en train se répètent toutes les vingt-quatre heures, « les graines s'obtiennent au fur et à mesure de l'ouverture des « cônes.

« Pour nettoyer la graine, on la fait passer par trois cribles de « différentes dimensions : le premier, placé sur une laisse destinée « à en recevoir la graine, sert à en séparer les cônes et les parties « les plus grossières qui s'y trouveraient mélangées; au moyen du « second, on en sépare les parties ligneuses, les feuilles et autres « débris; le troisième sert à la nettoyer du sable et de la pous- « sière. C'est aussi pendant que la graine est sur ce crible que l'on « retire à la main les débris ligneux qui restent encore. Mais, « quelque soin que l'on prenne, on ne parvient jamais à rendre la « graine ailée entièrement propre. »

La sécherie de Haguenau, a coûté de 3,000 à 3,500 fr.; elle peut produire de 8 à 9,000 fr. de graines par an.

On voit donc par cela seul, qu'un tel établissement est tout à fait inutile à un propriétaire qui n'aurait pas des semis continuels à créer.

Voici encore des moyens plus simples indiqués par Hartig dans son *Dictionnaire des forêts de Baudrillart :* « 1° On se sert d'une « chambre dans la partie inférieure d'un bâtiment en maçonnerie. « S'il est possible, on place dans cette chambre un ou plusieurs « poêles, pourvus de grils, afin de pouvoir les échauffer avec les « cônes vides ; ou bien on y établit circulairement des canaux de « chaleur, comme dans une serre chaude, afin que le local puisse « être échauffé dans toutes ses parties à un assez haut degré de « température. Dans cette étuve, on fait construire, contre les murs « et dans le milieu de la pièce, des échafaudages sur lesquels on « puisse placer des claies en bois ou en fil de fer de 1m66 centi« mètres à 2 mètres de long, sur 82 centimètres de large, et en « former des étages de 16 centimètres environ d'intervalle. Sous « la dernière rangée de claies, on fait pratiquer des tiroirs pour « recevoir la graine. Ces premières dispositions prises, on charge « les claies de cônes et on chauffe l'étuve de manière qu'un homme « en puisse difficilement supporter la chaleur (20 à 25 degrés Réau« mur) ; on entretient cette température jusqu'à ce que les « cônes se soient ouverts. Alors on les remue fortement sur toutes « les claies, en commençant par les étages supérieurs, de manière « que les semences tombent d'étage en étage, jusqu'aux tiroirs « placés sous les claies inférieures.

« Lorsque tous les cônes sont ouverts aussi complétement que « possible, on les retire et l'on cherche à obtenir encore la semence « qui a pu y rester. A cet effet, on les place dans un vaisseau dont « la disposition est semblable à celle d'une baratte à battre le « beurre. Dans ce vaisseau, qui doit avoir le fond à claire-voie « serrée, afin que les semences seules puissent y passer et être « reçues dans un vase placé au-dessous, on agite fortement les « cônes jusqu'à ce qu'ils soient totalement dépouillés de graines. « On peut alors employer les cônes à chauffer les fourneaux.

« 2° Pour employer la chaleur du soleil, on établit des écha« faudages contre le mur d'un bâtiment exposé au midi. On y place « des claies à une telle distance les unes des autres, que le soleil « puisse donner sur les rangées les plus reculées et sur les infé« rieures. Sous la dernière claie se trouve un tiroir dont le fond

« est en toile grossière, afin que, si la pluie vient à y tomber, elle « la traverse facilement et que les graines puissent sécher.

« Lorsqu'il fait un beau soleil ou une chaleur forte, on remue « les cônes en commençant par les claies des étages supérieurs et « en continuant jusqu'en bas ; on rassemble alors les graines « tombées dans le tiroir. Enfin, quand on juge que les cônes se « sont ouverts autant que possible, on les enlève, et on les place « dans l'espèce de baratte dont nous avons parlé, pour en tirer les « semences qui pourraient y être restées. »

Hartig indique encore, dans son *Instruction sur la culture des bois*, page 189, un moyen d'extraire la graine des cônes du pin sylvestre, qui a le mérite de pouvoir être employé partout : « Je « pris, dit-il, des sacs de grosse toile, que j'emplis à demi des « cônes que je voulais faire ouvrir; je les liai bien serré par le « haut, et je les étendis sur la surface extérieure d'un four chauffé « longtemps ; je les remuai plusieurs fois par jour, et aussitôt que « les cônes commencèrent à s'ouvrir, ce qui arriva quelques jours « après, je les versai dans une huche, où je les agitai fortement « avec un rateau de fer; après quoi je ramassai la graine qui en « était tombée. »

Je me suis très-étendu sur la récolte des semences; j'ai cru devoir le faire dans l'intérêt de ceux qui voudraient trouver des renseignements positifs à ce sujet, dans cet ouvrage. La réussite des semis est trop intimement dépendante de la bonne qualité des semences, pour que les forestiers ne prodiguent pas toute leur sollicitude à cette opération.

Conservation des semences. — Les semences de Pin perdent complétement leurs facultés germinatives après trois ou quatre ans, suivant les soins que l'on a apportés à leur récolte et à leur conservation. Elles se tiennent en bon état de germination dans les cônes pourvu que ceux-ci soient placés dans un lieu sec et bien aéré. Il faut se garder de placer les semences dans un endroit trop frais ou humide et à l'abri des courants d'air; dans de telles conditions les moisissures se répandent sur les graines, et détruisent rapidement leur germe.

Un moyen très-efficace pour conserver les semences consiste à faire une stratification avec du sable bien sec pour auxiliaire; voici comment l'on opère : dans une caisse ou autre réservoir on met au fond une couche de sable ; sur celle-ci on place une petite quantité de semences (une épaisseur de 2 à 3 centimètres) que l'on recouvre par une nouvelle couche de sable et ainsi de suite jusqu'au remplissage complet de la caisse, en ayant toujours soin, cependant, de commencer et finir la superposition par une épaisseur de sable de 10 centimètres au moins ; on place la caisse dans un endroit sec et bien aéré, et il est certain qu'ainsi la conservation des semences peut être assurée.

On ne peut que trop conseiller l'application de cette méthode dont les bons résultats sont presque infaillibles.

CHAPITRE VII

SEMIS NATUREL

Par une remarquable prévoyance de la nature, les cônes des pins arrivés à maturité, penchent leur sommet vers la terre, et le soleil venant ensuite apporter son action éclosive, la graine ailée s'échappe de sa gaîne et s'envole guidée par le caprice des vents. Sa germination a lieu dans l'année de sa chute : c'est ainsi qu'à l'abri des vieux pins se forme le vert sous bois que nous apercevons dans certaines forêts. Ce jeune repeuplement est destiné à remplacer les vieux arbres lorsque la hache les aura détachés du sol.

Assurément, ce mode de propagation et de renouvellement est des plus sûrs, des plus profitables et des plus économiques. L'abatage des pins ne surprend ainsi jamais le propriétaire : la vieille forêt tombe et se trouve remplacée par une nouvelle, âgée de dix ou quinze ans et plus, qui s'est élevée sans frais. Par ce moyen, le revenu de la forêt, au lieu d'être suspendu pendant vingt ou vingt-cinq ans, ne l'est que durant une quinzaine d'années, et c'est là un avantage qui mérite une sérieuse considération. Ce mode de repeuplement est général dans la Gascogne. Cependant, il faut le dire, il peut présenter des inconvénients, voire des insuccès quelquefois irréparables. Nous aurons donc à faire ici quelques remarques essentielles : elles sont le fruit d'observations fréquentes, sérieuses, et qui s'accordent parfaitement entre elles.

Les feuilles de pin qui couvrent nos forêts forment, par leur décomposition, un terreau très-riche en principes fertilisants. D'après M. le vicomte Héricart de Thury, les détritus des feuilles et des petites branches de pin fournissent plus d'humus à la terre que les bois feuillants, et M. Boussingault, notre savant agronome, a trouvé dans ces mêmes détritus, une composition fertilisante plus riche que dans la paille de froment, comme nous l'avons déjà dit.

Or, c'est sur ce sol fécondant que les semences sont jetées par les vents; c'est sur ce sol qu'elles germent et produisent leurs sujets. Les semences ainsi répandues sont très-nombreuses, aussi les arbres qui en proviennent sont-ils toujours en grand nombre. Ceci se renouvelle chaque année et naturellement il se forme par ce repeuplement une nouvelle forêt impénétrable. Il suffit, pour s'en convaincre, de parcourir les semis faits dans les dunes du golfe de Gascogne. C'est là que l'on peut voir la fécondité prodigieuse de la nature créatrice. Pas un point n'est par elle laissé improductif. Partout elle nous montre cette végétation puissante, qui témoigne si haut, à qui veut l'entendre, combien le Pin maritime se plaît dans nos contrées. Mais les sujets étant ainsi pressés les uns contre les autres, leur croissance ne peut qu'en souffrir, car il est impossible au sol le plus riche de pouvoir fournir avec générosité les aliments nécessaires à ces myriades de tiges qui n'en forment, pour ainsi dire, plus qu'une seule. Et, d'ailleurs, il faut de l'air à la plante, l'air ne lui est pas moins nécessaire que la nourriture pour croître et se développer avec vigueur. Aussi, les pins venus dans une telle position sont-ils généralement très-faibles : ils sont élancés et grêles et la résistance qu'ils offrent à l'arrachage à la main est nulle, leurs racines ne pouvant s'approprier assez de terrain pour s'y fixer fortement. Ils sont tous, d'ailleurs, presque dépourvus de branches, et c'est ce qui explique leurs étroites proportions, car la séve descendante fournie par les feuilles n'apportant qu'une très-faible part à l'alimentation de l'Arbre, les dimensions dans le sens de l'épaisseur doivent naturellement en souffrir.

Tel est l'état dans lequel se trouve une forêt domaniale située entre l'embouchure de l'Adour et Capbreton, le long du littoral, sur une longueur d'environ 15 kilomètres : le gouvernement l'a aliénée et nous nous sommes rendu acquéreur de 150 hectares.

D'après ce que je viens de dire de la situation de cette propriété, et qui, naturellement, s'applique à toutes les forêts analogues, il est utile, nécessaire même, d'y apporter des amendements, c'est-à-dire d'atténuer le mal causé par les trop grandes libéralités de la nature. Nous avons donc fait enlever tous les jeunes plants qui pouvaient gêner la végétation de ceux que nous voulions laisser à demeure. Sous la protection des vieux pins, ceux-ci grandiront rapidement et nous donneront ainsi une nouvelle forêt pleine de vigueur, lorsque nous aurons exploité la vieille qui les garantit actuellement.

Remarquez bien que cette éclaircie, pour être praticable, doit être faite pendant que les pins condamnés à être coupés sont encore debout. Agir autrement serait se préparer des déceptions très-fâcheuses. En effet, ces jeunes plants n'étant pas sûrement assis dans le sol, les vents violents les arracheraient ou les détérioreraient facilement. Mais par la précaution que nous indiquons, l'abatage des vieux arbres trouve les jeunes sujets solidement implantés, forts et vigoureux, et pourvus de branches latérales capables de continuer une végétation prospère.

Il est dans nos contrées un usage dont l'application est très-nuisible à la reproduction naturelle du Pin maritime. Il consiste à couper certains végétaux et à ramasser les décompositions feuillues qui se produisent dans nos forêts. Cette opération s'appelle ici *soutrager*, et voici comment elle devient pernicieuse : Les ouvriers, en la pratiquant, enlèvent la couche de détritus qui couvre le sol, pour en faire une litière, qui devient un excellent engrais lorsqu'il est bien soigné ; mais c'est précisément sur ce terreau que germent les semences du Pin maritime. En enlevant ainsi la surface du sol, on enlève tout ensemble et la richesse de la terre et les graines qui commençaient à pousser leurs jets. On détruit donc par là tous les résultats économiques de la reproduction naturelle. Pour ce mode de repeuplement, il faudrait, à tout le moins, que la récolte du soutrage fût abandonnée quelques années avant l'exploitation de nos forêts. Mais ce n'est pas ainsi que l'on opère dans la Gascogne. C'est seulement depuis le jour où commence l'abatage des arbres qu'on ne va plus chercher cet engrais, et le soin du repeuplement est livré à la merci du hasard. Qu'advient-il d'une telle imprévoyance ? Le semis devient clair, sans doute, mais il l'est beaucoup trop, et les pins à qui on a enlevé la nourriture, les pins qui ne sont plus abrités dans leur jeune âge, deviennent rachitiques, rabougris, souffreteux, en sorte que souvent le propriétaire se crée, par son incurie, une forêt chétive et de la plus malheureuse venue. Depuis quelque temps, cependant, nos forestiers, pour la plupart, se sont ravisés, et, stimulés par la valeur actuelle de nos pinières, ils apportent à leur renouvellement tout les soins qu'elles méritent.

CHAPITRE VIII

DES SEMIS ARTIFICIELS

Il est trois méthodes générales d'ensemencement du Pin maritime en grand ; elles se subdivisent en une multitude d'autres différant cependant peu des trois premières. Nous nous bornerons donc à l'examen des modes de semis le plus généralement pratiqués, appelés *semis à la volée, semis par bandes, semis à la pelle.*

Semis à la volée. — Il consiste à répandre sur la terre les graines et à les abandonner ainsi à la fertilité superficielle du sol.

L'ouvrier semeur jette la graine de Pin comme le fait le laboureur en répandant son blé sur la terre; il s'attache à l'ensemencer le plus uniformément possible.

On le conçoit aisément, un tel semis exige une grande quantité de graine ; il a en sa faveur l'exiguïté de la main-d'œuvre; cependant ces considérations comparées, c'est le semis le moins cher, car, comme on le verra plus loin, il ne revient qu'à 7 fr. l'hectare, tandis que les autres varient dans des prix plus élevés. L'économie bien entendue devrait donc, ce semble, prescrire uniquement ce mode de semis ; il n'en est point ainsi, et dans certains cas on ferait une spéculation malheureuse en l'exécutant. Le semis à la volée, tel que je viens de le décrire, ne peut se faire que dans des champs fraîchement labourés et sur lesquels on ferait un hersage après l'ensemencement ; encore faudrait-il pour la réussite, que le terrain ne fût pas trop sec, car il est nécessaire que la graine se trouve dans une fraîcheur permanente, pour que sa germination puisse s'accomplir. J'ai fait à ce sujet plusieurs expériences qui confirment énergiquement le principe que je viens d'établir et qui repoussent non moins énergiquement par leurs tristes résultats la pratique des semis à la volée. C'est sur un terrain sablonneux que j'ai opéré d'abord ce semis. Ce sol, autrefois très-fertile, par suite des alluvions annuelles qui s'y déposaient naturellement, est devenu d'une telle aridité depuis que, pour le dessèchement du marais d'Orx, on a beaucoup fait baisser le niveau des eaux, que la culture a dû en être abandonnée. A quelque temps de là, pour ne pas laisser ce terrain improductif, je fis exécuter un semis à la volée ; le sol était littéralement couvert d'un treillage de plantes vivaces qui lui formaient comme une véritable cotte de mailles : aussi pas un sujet n'est apparu à la surface. J'attribuai d'abord ce résultat à la siccité du sol, une expérience ultérieure me fit reconnaître mon erreur. J'ai donc fait donner un labour général et ayant ensuite jeté la graine que je fis couvrir par un léger hersage, j'ai obtenu des sujets d'une venue parfaite ; il me fut alors facile de définir mon insuccès et je l'attribuai à la situation peu propre du sol qui empêchait ainsi le développement du germe. Ce semis, je ne le fis que dans un but d'expérience, car il est loin d'offrir l'économie que présente le semis par bandes ; celui-ci donnant encore sur le semis à la volée l'avantage de résultats bien plus appréciables.

Je semai encore à la volée un terrain argilico-siliceux ; il était couvert de bruyères; ce fut la cause d'un nouveau désappointement. Les semences germèrent ; de jeunes jets parurent et furent étouffés par la croissance des plantes qui les environnaient.

Dans ce cas, comme dans le précédent, je renonçai au système primitif. Le labour à la charrue étant impossible dans ce terrain, j'ai fait retourner la terre à bras d'homme au moyen de l'écobue, par bandes de 50 centimètres de large, un hersage énergique a été donné, j'ai ensuite répandu la graine sur ce sol travaillé et je l'ai recouverte par un léger hersage, j'ai obtenu des produits assez satisfaisants ; j'aurai occasion d'en parler plus tard.

M. le marquis de Chambray l'a compris, et je crois l'avoir assez prouvé, le semis à la volée ne doit jamais s'exécuter sans une préparation intelligente du terrain. Comme je viens de le montrer, cela est pratiquement vrai et la théorie est en tous points conforme à ce principe, car, nous le savons, la lumière est nécessaire à la vie de la plante; la circulation de l'air lui est aussi indispensable; il faut encore que les racines qui commencent à se développer ne trouvent point d'obstacles dans leur extension, toutes choses impossibles à obtenir lorsque le terrain destiné à l'ensemencement est peuplé de bruyères ou d'autres plantes tout aussi pernicieuses, et que les soins utiles de défrichement ne lui sont pas donnés.

J'ai toujours employé, dans ce mode de semis, de 8 à 10 kilos de graine par hectare, suivant la qualité du terrain; plus le sol contenait d'humus, moins je jetais de semences, car il est certain que j'avais dans ce cas plus de chances de faire germer toute la graine que dans un terrain aride et sec, dont la surface, calcinée sans cesse par les ardeurs du soleil, ne pouvait fournir quelquefois assez d'humidité pour le développement de l'embryon.

Ce semis m'a toujours coûté, savoir :

8 kilos de graine, à 0 fr. 80 le kilo.	6 fr. 40 c.
Frais de semis et autres.	0 60
Total.	7 fr. 00 c.

Malgré son prix modique, je ne me permettrai pas de le conseiller; je l'ai vu produire trop de déceptions et de déboires; j'ai trop observé les résultats malheureux obtenus par ce mode de peuplement pour en faire l'éloge.

M. Crouzet, directeur du domaine impérial des Landes, dont j'ai cité le rapport au *Moniteur*, en parlant de la formation des forêts, dit avoir obtenu de biens tristes résultats par l'application de ce mode de semis : « Nous n'avons eu, dit-il, dans la première année, que le quart environ des plants nécessaires pour un peuplement normal. » Le prix de ce travail n'a été que de 3 fr. 20 l'hectare; la quantité de semence employée n'est pas indiquée, mais le prix de revient me fait pressentir un semis beaucoup trop clair; l'insuccès peut avoir là une partie de son explication. Le semis à la volée doit être très-épais, plus épais qu'aucun autre, à cause de la grande quantité de graines que des conditions de situation empêchent de germer.

Semis par bandes espacées. — Le semis par bandes alternées est un semis régulier qui se fait par rayons préparés différemment, suivant la nature et la qualité du terrain.

Il consiste à labourer ou piocher le sol par lignes également espacées, et à répandre sur ces raies formées la graine qui doit y germer et produire les jeunes plants.

C'est celui d'entre tous qui donne les plus beaux produits; c'est celui que devraient adopter les véritables économistes à l'exclusion de tout autre. Depuis quelques années, je fais des ensemencements de pins maritimes dans nos propriétés : c'est la seule méthode qui m'ait fourni des sujets exempts de tout reproche. MM. Lorents et Parade, dans leur *Cours élémentaire de culture des bois* (page 525), parlent avantageusement de ce système : « De tous les modes en « usage, disent-ils, pour préparer le terrain aux semis, le mode « par bandes alternées semble réunir le plus d'avantages et être le « plus généralement applicable. »

Ce semis se pratique différemment, suivant le plus ou moins de compacité du sol; dans un terrain argileux et tenace, on défonce le sol à peupler à bras d'hommes, et au moyen de l'écobue; dans un terrain plus léger, plus siliceux, au contraire, on pratique ce défoncement à la charrue; de là deux sortes de semis par bandes : le *semis à la pioche* et le *semis à la charrue*; nous allons en traiter séparément.

Semis à la pioche. — C'est sans contredit, sous le rapport économique, le semis le plus cher; mais c'est aussi celui qui procure les plus beaux succès. Le semis à la charrue peut lui être comparé, et l'un ou l'autre peut être indistinctement pris quant aux résultats à obtenir; ce dernier a cependant pour lui l'avantage d'occasionner des frais moindres que le semis à la pioche, aussi doit-il lui être préféré toutes les fois que la nature du terrain permet au soc de la charrue de s'enfoncer dans son sein.

Voici comment on pratique le semis à la pioche : Au moyen de jalons[1] on trace sur le sol à ensemencer des lignes espacées de

[1] Je ne conseille l'usage des jalons que comme un moyen d'avoir la régularité des lignes et conséquemment des semis.

5, 6 ou 7 mètres, suivant l'intention que l'on a de faire des semis épais ou clairs[1]; les ouvriers, à l'aide de leur pioche, défoncent le terrain sur une profondeur de 20 centimètres et sur une largeur de 60 au moins.

Une plus grande largeur n'est que plus favorable à la germination de nombreuses graines; l'intelligence du forestier doit lui indiquer la largeur à adopter pour la bande. Un hersage bien énergique doit s'exécuter ensuite sur chaque rayon; on pourrait remplacer cette opération par un roulage, au moyen d'un brise-mottes. Alors seulement se fait l'épandement de la graine, que l'on recouvre par un léger hersage.

Voici maintenant quel est le prix de revient de l'hectare ensemencé par cette méthode :

Défoncement du terrain.	14 fr. 00 c.
4 kilos de graine, à 0 fr. 80 c. l'un.	3 20
Deux hersages, dont un très-énergique, et semis.	1 50
TOTAL.	18 fr. 70 c.

Il est à remarquer que la largeur de 60 centimètres, que j'ai adoptée, peut ne pas suffire dans tous les cas; ainsi, lorsque les bruyères, ronces ou autres, qui bordent la bande, sont d'une telle hauteur que, par leur ombrage, elles doivent porter préjudice aux jeunes pins, alors il peut être bon d'élargir la raie; cependant, je conseillerais plutôt, dans ce cas, la destruction de ces plantes, qui fatiguent inutilement le sol en s'appropriant des aliments qui pourraient avoir une destination plus profitable. Naturellement, quand de semblables travaux sont réclamés par la nature même du terrain, le prix de revient de l'hectare du semis est d'autant plus élevé que les travaux sont plus grands.

Semis à la charrue. — Lorsqu'il peut se pratiquer, comme je l'ai dit précédemment, il est économique de l'employer. On opère comme pour le semis à la pioche, après avoir tracé, au moyen de jalons, les lignes à suivre, on laboure le sol par sillons serrés et par bandes de 1 mètre de largeur, que l'on est bien souvent obligé

[1] J'ai adopté dans nos pinières une largeur invariable de six mètres; je dirai plus loin les motifs qui m'ont décidé à prendre cette mesure.

de repasser, quand le terrain est boursouflé de mottes d'herbes ou de bruyères, comme il arrive dans les Landes ; car alors la charrue ne peut, par un premier passage, briser les blocs de terre qu'elle ne fait que soulever ; un bon hersage succède toujours à cette opération, et le semis se fait ensuite. Le recouvrement de la graine termine ce travail. J'alterne toujours 1 mètre de labour avec 5 mètres de vide; ce qui me donne toujours 6 mètres d'espacement entre chaque raie d'arbres, distance qui me paraît suffisante.

On comprendra qu'il est assez difficile de fixer sur cette espèce de semis le montant du prix de revient par hectare ; plusieurs circonstances, qui ne peuvent toutes être prévues ici, peuvent le faire varier et l'influencer trop vivement : la qualité du terrain, les conditions dans lesquelles il se trouve, sont des causes du changement de ces prix. Cependant, nos expériences personnelles, faites dans des conditions très-variées, nous ont démontré que le coût du semis à la charrue fait, comme nous l'avons expliqué plus haut, variait de 14 à 17 francs l'hectare.

Je l'ai dit précédemment et je ne crains pas de l'affirmer, ce mode de semis est, d'entre tous les autres, celui qui donne les plus beaux produits ; car, examinant les qualités du sol au point de vue de la végétation, il est évident qu'un terrain meuble et bien divisé offre au développement de la graine des avantages bien plus appréciables qu'un sol compacte et tenace ; sur un sol meuble, la radicule du pin s'enfonce facilement et va puiser dans le sein de la terre les aliments nécessaires à l'entretien de la plante qu'elle doit désormais nourrir ; aucun obstacle ne s'opposant à son développement, la tigelle croît avec une aisance et une énergie qui se trahissent bientôt à l'extérieur par une verdeur que rien n'égale, car la texture herbacée du jeune pin, au début de son existence, s'étend avec bien plus de facilité dans un sol dont la ténuité ne peut lui être un obstacle. Il n'en est point ainsi dans l'embryon qui se développe sur un sol compacte et non préparé, la germination se fait avec lenteur ; la ténacité du terrain empêchant la facile formation des organes du jeune plant. Les premières années qui suivent le semis sont ainsi le temps d'une végétation pénible, laborieuse, d'une lutte incessante entre le sol et le jeune pin. J'ai expérimenté ces principes sur un sol argilico-siliceux d'excellente qualité, qui ne pouvait, par sa trop grande déclivité, être mis en culture. Je fis exécuter un semis par poquets ; il consiste à retourner, au moyen de la pelle, la terre sur une surface carrée d'environ 60 centimètres de côté, et là-dessus on jette ensuite quelques graines de pin ; je parlerai plus loin de cette espèce de semis.

Ce retournement n'avait point suffi à la germination rapide de la semence ; aussi, deux ans après, mesuraient-ils à peine 6 centimètres de hauteur. Ces résultats ne m'ayant pas satisfait, et possédant encore un sol de semblable qualité à ensemencer, je le fis piocher par bandes, et j'y opérai le semis tel que je l'ai précédemment indiqué. Ces jeunes sujets ont aujourd'hui quatre ans ; leur hauteur varie de 1 mètre à 1^{m},50. A l'âge de deux ans, ils mesuraient une hauteur moyenne de 25 centimètres. Il en est ainsi pour les semis de pins comme pour toutes les entreprises agricoles : en voulant économiser des frais de main-d'œuvre, on se prépare bien souvent les déceptions les plus inattendues. Aussi, après les expériences que j'ai faites, ai-je complétement abandonné les semis à la volée, pour ne m'attacher qu'à faire des semis par bandes. Ces résultats ont été appréciés par la plus grande partie de nos forestiers landais ; et les milliers d'hectares incultes, qui jadis se partageaient nos contrées, sont-ils devenus, par la méthode des semis par bandes, un immense semis de pins maritimes, encore jeunes, mais qui, dans quelques années, formeront des forêts aussi belles et aussi luxuriantes que celles de l'Amérique.

Je ne pourrais donc assez proclamer la bonté de cette méthode et les surprenants résultats produits par son application. Espérons-le, avant longtemps, elle sera généralement employée ; les considérations économiques la préconisent, et le bel avenir de nos forêts la recommande.

Semis à la pelle. — Ce semis, très-économique, consiste à placer, à une certaine profondeur dans le sol, les graines que l'on veut y faire germer.

Des femmes placées sur divers alignements parallèles et également espacés (ordinairement d'environ 5 mètres) marchent de front ; elles avancent de trois pas, ce qui représente une distance de 1^{m},50, et, à l'aide d'une petite pelle ayant 0^{m},15 de long sur 0^{m},10 de large, elles font en terre une entaille dans l'ouverture béante de laquelle elles jettent quelques graines ; elles retirent leur pelle, et du bout du pied elles referment l'entaille faite ; elles avancent encore de trois pas ou $1^m,50$, et elles recommencent la même opération.

Voici quel est le prix que m'a coûté l'ensemencement d'un hectare de terrain par cette méthode :

3 kilos de graine, à 0 fr. 80 c. le kilo. . . .	2 fr. 40 c.
Deux journées de femme.	2 00
Total.	4 fr. 40 c.

Ce semis, quoique d'un prix de revient évidemment très-faible, ne doit pas cependant être appliqué à la formation des pinières; on peut seulement l'employer pour le peuplement des espaces vides qui se trouvent très-souvent dans les grands semis, et voici les motifs qui m'autorisent une semblable opinion :

Comme nous l'expliquerons plus loin, dans leur jeune âge, un abri est indispensable aux pins maritimes; dans l'isolement, l'air violemment agité les fatigue; les grandes pluies les déparent; un soleil brûlant, en été, dessèche leurs racines et leurs feuilles, souvent il les tue même; cultivés en massif serré, ils ne craignent pas ainsi l'influence de ces éléments dont la puissance ne saurait les atteindre énergiquement. Tout genre de semis qui isole le pin maritime doit donc être rejeté de toute bonne administration forestière; c'est le cas de celui qui nous occupe.

Le semis à la pelle a ensuite l'inconvénient de recouvrir beaucoup trop la graine, et de le faire encore fort irrégulièrement. C'est pourquoi je n'en conseillerai jamais l'application.

M. Crouzet résume ainsi quelques précautions qu'il indique dans la pratique de ce semis :

« 1° Quand le sol de la bande est inégal et couvert de mottes « saillantes, les incisions doivent, autant que possible, être prati« quées sur ces mottes et non dans les flaches qui sont à leurs pieds.

« 2° Si le sol de la lande est uni et naturellement sec, ou s'il a pu « être parfaitement assaini; cette précaution, quant au choix des « emplacements, devient inutile.

« 3° On ne doit pas presser fortement la terre au-dessus des « graines; il suffit de la rabattre, de manière seulement à « mettre les grains à l'abri des dégâts des corbeaux, des rats et des « insectes.

« 4° Quand la lande à ensemencer provient d'anciennes lagunes « dont le sol est uni et où les eaux pluviales peuvent encore rester « stagnantes pendant un certain temps, il convient de renoncer à ce « mode de semis et de lui substituer le semis par poquets ou le se- « mis à la charrue, qui ont l'avantage particulier de relever et de « mettre à l'abri de l'eau la terre au sein de laquelle doit s'opérer le « travail délicat de la germination.

« Nous croyons que, moyennant ces simples précautions, on obviera aux causes d'insuccès et de retard du semis à la pelle, et qu'on pourra obtenir une réussite complète dès la première année. Nous nous disposons à faire, cet automne, un ensemencement de 500 hectares, d'après les mesures qui viennent d'être indiquées. »

De telles précautions à prendre font assez juger le semis.

CHAPITRE IX

DE QUELQUES SEMIS PARTICULIERS

Pour que mes renseignements sur les semis soient complets, je dois encore faire connaître quelques méthodes particulières, appliquées par certains de nos forestiers les plus distingués. Il est évident qu'il n'entre pas dans le cadre de cet ouvrage d'examiner tous les moyens employés pour les ensemencements des arbres résineux; je me bornerai donc à indiquer ceux qui me paraissent présenter le plus d'économie et le plus de succès. Je dois prévenir que je n'ai pas expérimenté tous les semis dont il va être question; je ne serai conséquemment pour certains que l'interprète des opinions admises par les forestiers qui me fournissent ces renseignements. Après les explications données sur chaque méthode appliquée, je ferai connaître mes opinions personnelles sur chacune d'elles.

Semis au plantoir. — Ce semis consiste à pratiquer en terre un trou au moyen d'un simple morceau de bois recourbé à un de ses bouts et à jeter 5 ou 6 graines dans cette fossette que l'on détruit ensuite avec le pied. C'est un moyen dont nous nous sommes servi pour ensemencer une petite lande de 12 hectares; on fait les trous à la distance à laquelle on veut laisser les pins en place (c'est-à-dire

6 mètres ou environ l'un de l'autre). Voici comment est ressorti le prix de revient pour l'hectare d'un semis par cette méthode :

1 kilo de graine.	0 fr. 80 c.
Une journée de femme.	1 00
Total.	1 fr. 80 c.

Ce semis procure évidemment très-peu de dépenses; mais considérons si les résultats sont aussi économiques que les frais d'ensemencement. Je puis en juger en connaissance de cause, car nos sujets ont aujourd'hui 12 ans d'existence. Je ne crains pas de le dire, c'est la spéculation la plus malheureuse qu'un forestier puisse faire; nous n'avons obtenu que des pins rachitiques, rabougris, souffreteux et d'une lenteur de végétation désespérante. Agés de 12 ans comme ils le sont, ils atteignent à peine une hauteur moyenne de $2^m,25$. N'ayant pas d'abris qui les protégent contre les intempéries des saisons dans leur jeune âge, ils sont sujets à être calcinés par une température trop élevée; c'est ce qui nous est arrivé dans l'été de 1861. Le vent les a tous courbés, en sorte que j'ai été obligé de jeter encore de nouvelles graines pour repeupler la presque totalité du terrain. C'était à titre d'expérience qu'un membre de ma famille faisait ce semis, et je ne conseillerai jamais à un propriétaire de l'appliquer. Cependant, je ne suis pas exclusif; cette méthode, je l'ai suivie pour le peuplement de certains petits espaces vides entourés de massifs serrés, qui garantissaient ainsi les premiers jets des jeunes plants. Je n'ai jamais employé ce moyen pour ensemencer des terrains compactes, car il est évident que je n'aurais pu réussir à me procurer des sujets. La radicule n'aurait pu percer les deux enveloppes qui l'avaient entourée, et mes résultats auraient été nuls.

Semis en potets. — Ce semis, que j'ai fait, s'applique dans les terrains garnis de hautes bruyères, pour empêcher l'étouffement ou diminuer les dépenses occasionnées par d'autres méthodes. Il consiste à défoncer des carrés de terre d'espace en espace et à répandre là-dessus quelques graines de pin. Voici d'ailleurs comment M. le marquis de Chambray en rend compte dans son remarquable *Traité des arbres résineux conifères*, page 58 : « On donne le nom de po- « tets à de petites surfaces carrées ou circulaires que l'on a fait cul- « tiver avec soin. La terre de ces potets doit être rendue meuble, et

« l'on doit conserver à la surface celle qui s'y trouve, parce qu'elle « est la plus fertile. Ces potets doivent être de niveau avec le terrain « environnant, bombés ou creusés au milieu, selon la situation où « ils se trouvent, la nature des terres et l'espèce de plantes qui cou- « vrent le terrain. Des potets carrés ou circulaires de $0^{m},65$ de côté « ou de diamètre sont suffisants lorsque le terrain est couvert de « gazon, de mousse ou de plantes semblables; mais, lorsqu'il est « garni de plantes qui peuvent en peu de temps couvrir les potets « et occuper le terrain par leurs racines, comme, par exemple, les « joncs marins, il faut les faire plus grands. Ordinairement il suffit « alors de leur donner un mètre de côté ou de diamètre, selon qu'on « les fait carrés ou circulaires.

« Après s'être procuré de bonne graine, ce qui n'est pas toujours « sans difficulté, ainsi qu'on l'a vu, on sèmera, dans chacun de ces « potets, du 15 mars au 1er mai, une vingtaine de graines, parce « qu'il y en a toujours beaucoup de mauvaises, et qu'une partie de « ce qui lève périt par diverses causes; on enterrera très-légèrement « la graine au moyen d'un râteau, ou, ce qui serait encore mieux, « on la couvrira d'un peu de terre très-meuble, par exemple de « terreau de feuilles pris sous le bois, et celui que l'on trouve sous « les sapins est le meilleur. Il est surtout préférable de couvrir ainsi « la graine lorsque le terrain des potets est plus bas que le terrain « environnant, car alors les feuilles du taillis qui couvrent ces potets « pendant l'hiver peuvent étouffer le semis de pin; dans les semis « que j'ai fait exécuter ainsi, on tenait le milieu des potets plus « élevé que le sol. Le semis en potets, dit encore le même auteur, « page 181, est particulièrement employé sur des terrains que l'on « ne pourrait labourer, par exemple sur des pentes rapides, des « clairières parsemées de cépées, ou sur des terrains que l'on ne « pourrait labourer qu'après avoir fait des travaux préparatoires « fort coûteux. Si les pentes étaient trop rapides, d'un sol peu con- « sistant, et qu'on trouvât de l'inconvénient à faire des potets, on se « contenterait de semer de la graine à la volée ou de planter çà et « là des branches garnies de cônes, ou enfin de poser ces branches « sur la terre. Il est encore plus nécessaire pour le pin sylvestre que « pour le sapin argenté de faire des potets d'un mètre de diamètre, « lorsque le terrain que l'on veut semer est couvert de plantes, telles « que des joncs marins et de grandes bruyères, qui couvriraient

« bientôt les potets s'ils n'avaient 0^{m},65 de diamètre ou de côté, « et feraient périr le plant. Si pourtant on ne veut donner aux po- « tets que cette dernière dimension, il faut les faire visiter tous les « ans, pendant les premières années, par un ouvrier qui coupera avec « une petite faucille les branches qui couvriraient les trous. »

Comme je l'ai dit en commençant à exposer cette méthode, j'ai pratiqué ce semis ; j'avais une lande située sur le versant nord d'une colline assez élevée ; un labour ne pouvait y être opéré à cause de la déclivité du terrain ; ne pouvant y faire un semis à la volée, le sol étant argileux et très-compacte, je résolus d'y expérimenter le semis en potets. Je fis donc défricher le sol, par carrés de 0^{m},60 de côté ; je les fis espacer de deux mètres l'un de l'autre. La surface du terrain défoncé fut rendue très-meuble ; je jetai sur chaque potet une dizaine de graines que je recouvris par un petit râtelage. La germination de la plante s'est très-bien accomplie ; la tigelle de la jeune plantule est apparue dans de très-bonnes conditions d'existence ; mais son développement est d'une lenteur vraiment désespérante. Ce semis est aujourd'hui âgé de trois ans ; à peine les sujets mesurent-ils de 15 à 20 centimètres de hauteur. Le semis n'était pas fait sur une grande étendue (2 hectares) ; aussi ai-je voulu le laisser persister dans sa végétation engourdie pour en voir les résultats ultérieurs.

Cependant, je crois avec M. le marquis de Chambray pouvoir déprécier hautement une telle méthode et ne pas en conseiller l'application.

Écobuage. — Semis sur brûlis. — Le brûlis ou écobuage est l'opération qui consiste à écroûter le sol, à incinérer avec lui les bruyères, fougères ou autres plantes qui en couvrent la superficie, et à en répandre les cendres uniformément sur la surface.

Le brûlis était en usage dans les temps les plus anciens : Varron, Pline, Columelle en recommandent l'application ; les peuples les plus primitifs en ont compris l'utilité, tellement que les Indiens d'Amérique n'ont souvent pas d'autres engrais que les cendres des végétaux qu'ils cultivent. Les Chinois se servent généralement de cet amendement pour leurs terres. Voici, d'ailleurs, sur l'utilité des cendres en agriculture, ce qu'écrit M. de Candolle dans sa *Physiologie végétale*, t. III, page 1267 : « L'action des cendres sur le terrain, dit-il, « est, comme la nature même de cette matière, complexe et varia-

« ble. Les cendres tiennent le milieu entre les amendements et les « engrais, sous ce rapport, qu'outre les matières terreuses qui en « constituent la masse, elles contiennent toujours une certaine « quantité de sels et de débris organiques. Considérées comme « amendement, leur action est variable, selon que, fournies par « divers combustibles, elles peuvent contenir des quantités très- « diverses de matières terreuses différentes et de sels différents. On « peut dire en général que : 1° elles agissent mécaniquement en « divisant les sols trop compactes, et, sous ce rapport, plus elles sont « siliceuses, plus elles ont d'action; 2° elles ont une action hygro- « scopique en absorbant l'humidité; 3° elles paraissent accélérer la « décomposition du terreau; et 4°, enfin, peut-être agissent-elles à « titre d'excitants. » Et, plus loin, page 1277 : « Il est donc évi- « dent, et la pratique confirme cette théorie, que l'écobuage est « utile : 1° dans les terrains trop argileux, pour les diviser et les « rendre moins hygroscopiques; 2° dans les terrains très-chargés « de mauvaises herbes et en même temps très-humides; 3° dans les « climats où l'humidité de l'air est très-continue; 4° dans les ter- « rains marécageux, tourbeux ou froids, couverts de mousses, de « jones, de lichens, etc., pour les exciter par les molécules alcalines « des cendres, et accélérer leur décomposition. »

Voici comment M. Duhamel du Monceau, dans un ouvrage sur les *Semis et plantations*, pages 284 et 285, conseille l'exécution d'un tel brûlis : « Il arrive souvent, dit cet auteur, que l'on veut « mettre en bois des terres remplies de bruyères et de genêts. « Comme la bruyère est surtout pernicieuse pour les jeunes arbres, « il faut la détruire, au moins en grande partie : dans ce cas, le « mieux est de commencer par y mettre le feu; et ensuite de les « labourer. Le commencement de l'automne est la vraie saison de « brûler les bruyères qui se trouvent desséchées par le soleil de la « canicule; mais il faut prendre bien des précautions pour ne pas « incendier les bois voisins. Voici comment cette opération doit se « faire :

« Je suppose qu'on veuille mettre le feu à des bruyères. Lorsque « le vent sera au nord, il faudra faire du côté du sud une tranchée « peu profonde ou un fossé de 2 ou 3 toises de largeur sur un pied « seulement de profondeur, et répandre la terre en ados du côté de « la bruyère : cet espace sera suffisant pour arrêter le progrès du

« feu. Lorsque, par un beau jour, le vent a la direction qu'on juge « être la plus avantageuse, on met le feu aux bruyères avec des « torches de paille, et quelques ouvriers suivent le feu pour allu- « mer la bruyère aux endroits où il ne fera pas assez de progrès ; « mais, quand le feu s'approche de la tranchée, comme c'est de « ce côté-là qu'on doit l'arrêter, il faut distribuer des hommes de « distance en distance, pour jeter promptement de la terre partout « où il tomberait de grosses flammèches. Le mieux sera toujours « de mettre le feu par le côté où on aura le plus à craindre qu'il « ne s'étende, afin que le vent pousse la flamme et les flammèches « sur la partie où il y aura moins de danger. Enfin, il faut veiller « tant que le feu subsiste, car les accidents qu'il produit dans les « forêts sont terribles, et il ne faut négliger aucune attention pour « les prévenir. Quand le feu est éteint, il faut mettre la charrue « dans le champ, donner les mêmes cultures que pour le défriche- « ment des pâtis, et, s'il se peut, ne répandre la semence que « quand la bruyère aura été détruite, car cette plante, si perni- « cieuse pour les arbres, ne meurt pas toujours, quoiqu'elle ait « été brûlée. »

Je n'ai jamais pratiqué ce mode de semis, il m'est donc impossible de donner des renseignements à ce sujet. Cependant, qu'il me soit permis d'émettre une opinion et d'examiner le peu d'avantages que je crois trouver dans son application.

Et d'abord, le prix de revient est très-grand comparé à celui des autres semis que j'ai précédemment décrits, et ce moyen de préparation est difficilement exécutable sur une grande étendue, ce qui est un motif d'abandon d'une telle méthode; ensuite, obtient-on des résultats beaucoup plus appréciables et proportionnés aux dépenses nécessitées par ce semis ? Bien loin de moi la pensée de croire que les propriétés des cendres n'activent pas la germination; cependant tous les agriculteurs le savent, ces propriétés disparaissent promptement; après trois ou quatre ans au plus, l'effet des cendres n'est plus sensible; il faudrait donc dans ces quatre années, obtenir en dehors de la végétation ordinaire, une plus-value de croissance équivalente à la différence des prix de deux semis différents : ainsi j'admets, ce qui est je crois très-inférieur à la vérité, que le terrain écobué et semé revienne à 120 fr. l'hectare, en supposant que le même terrain ensemencé par la méthode dite *par bandes*, dont j'ai déjà parlé, coûte 20 fr. l'hectare, il y a contre le système de l'écobuage une perte de 100 fr. par hectare; l'effet des cendres disparaissant totalement dans quatre ans, il faut qu'à cet âge un hectare de semis sur brûlis ait une valeur de 100 fr. de plus que la même contenance de semis par bandes, et c'est, je crois, chose irréalisable. Je n'admets donc point un tel système qui, d'après mes vues, n'est pas économique. Bien des forestiers, ont pratiqué l'écobuage pour la création des forêts; il est probable que s'ils avaient analysé cette méthode, leur économie bien entendue leur aurait fait renoncer à son application.

M. Rieffel dans l'*Agriculture de l'ouest de la France*, t. II, page 29, rend compte ainsi qu'il suit, des frais que ce mode de semis lui occasionne ; il dit comment il les annule par une récolte de seigle : « Quand on se sert de l'écobuage, dit-il, on fait une « récolte de seigle, et c'est dans cette récolte, au printemps, « que l'on sème la graine de pin, absolument de la même manière « qu'une prairie artificielle. On passe sur le semis une simple herse « d'épines que l'on promène dans la céréale. La graine de pin « demande à peine à être enterrée. Voici les détails des frais, sur « un hectare, d'un semis de Pins maritimes, avec l'emploi de l'é- « cobuage :

Écobuage et brûlis.	90 fr.
Un labour..	12
Main-d'œuvre pour répandre les cendres et casser les mottes..	15
Semence de seigle, 2 hectolitres à 11 fr. l'un. .	22
Graine de pin, 20 kilogr. à 0 fr. 60 c. l'un. . .	12
Chemins et fossés d'écoulement.	5
Frais de la récolte de seigle..	36
Total.	192 fr.

« Dans la plupart des cas, cette récolte de seigle, sur écobuage, « donne au moins 18 hectolitres à l'hectare. »

Quoique le chiffre de 18 hectolitres soit peut-être un peu élevé comme moyenne de rendement, voilà comment l'écobuage pourrait s'admettre, voilà comment le semis sur brûlis serait applicable. Il est évident que l'on ne pourrait le pratiquer que sur de faibles étendues, à cause de l'impossibilité qu'il y aurait de cultiver ainsi de grandes surfaces de terrain, les semis en grand ne peuvent donc profiter d'une telle récolte ; il vaut mieux, selon moi, appliquer le semis par bandes; il donnera des succès aussi beaux, avec bien moins de déboursés.

Canne semoir des landes de Bordeaux. — Voici en quels termes, s'exprime M. Crouzet, au sujet de cette canne semoir dans le *Moniteur* du 11 octobre 1859. Je lui laisse toute la responsabilité de ses opinions, ne connaissant ces instruments que par la description que j'en ai lue : « La canne employée, pour exécuter le « semis à la canne est pourvue, à sa partie inférieure, d'une pointe « en fer que l'ouvrier plante dans le sol tous les deux pas. La pres« sion développée au moment de cette opération met en jeu un « ressort qui ouvre un diaphragme placé à la partie inférieure d'un « sac attaché à la canne et rempli de graine; ce diaphragme s'ou« vrant, un certain nombre de ces graines tombent dans le trou « ouvert par le dard de la canne. Dès que la canne est relevée, le « ressort ferme aussitôt le fond du sac, et l'écoulement de la graine « cesse jusqu'au moment où l'on fiche de nouveau l'outil en terre.

« Ce mode a beaucoup d'analogie avec le semis à la pelle, mais « il coûte beaucoup moins ; nous avons ensemencé de cette manière « une surface de 354 hectares, à raison de 5 fr. seulement par hec« tare.

« Nous devons avouer que ce semis a mal réussi. Nous ne croyons « pas toutefois devoir condamner définitivement, d'après cette « expérience, ce mode d'ensemencement très-rapide et très-écono« mique. En effet, le semis exécuté de cette manière a été fait en « juillet, en vue d'expérimenter les semis tardifs que plusieurs « praticiens du pays considèrent comme les plus efficaces, mais « nous croyons définitivement que les mois de juin, juillet et août « sont la saison la plus défavorable au semis de pins, et que la cam« pagne de printemps doit finir en mai et la campagne d'automne « s'ouvrir en septembre. D'un autre côté les ouvriers semeurs « étaient très-inexpérimentés, et, dans les premiers temps de l'exé« cution de ce travail, les graines tombaient plus souvent sur le sol, « à côté du trou, que dans le trou même. Enfin, il est évident que, « pour assurer le succès de ce mode d'ensemencement, il y aura à « prendre les mêmes précautions que pour les semis à la pelle, et « il est très-probable que c'est à l'inexécution de ces précautions, « dont l'importance n'était pas jusqu'à présent sentie, que doit être

« attribué l'insuccès de ce premier essai. Nous nous proposons de « le reprendre, cet automne, sur une étendue de 100 hectares. »

Il existe encore à ma connaissance un autre semoir dans ce genre, celui de MM. Lousteau fils et Dussacq de Bordeaux, appelé semoir à main ; il a obtenu une mention honorable à l'Exposition universelle de Paris en 1855.

Je crois avoir donné les renseignements utiles pour les semis de Pins maritimes ; il est une foule de méthodes que je n'ai pas décrites ; elles me semblaient surcharger cet ouvrage et je ne sentais pas l'utilité de m'en entretenir ; ne les ayant pas expérimentées, je n'aurais eu qu'à répéter ce qui a déjà été écrit à leur sujet.

CHAPITRE X

DES PLANTATIONS

Les plantations consistent dans le transport des jeunes plants du lieu de leur naissance, dans un autre, où il sont placés à demeure.

Les plantations ont parfois leur utilité, mais ce n'est que dans des exceptions bien rares et que l'on doit rechercher le moins possible. Comme nous le verrons plus tard, les résultats économiques s'expriment hautement contre elles ; j'en ai fait plusieurs expériences sur des pins de divers âges ; j'aurai l'occasion de m'en entretenir.

Le propriétaire qui veut peupler ses terrains par cette méthode doit d'abord débuter par la création de une ou plusieurs pépinières suivant l'étendue du domaine qu'il possède et aussi suivant les différentes qualités du sol de sa propriété. Il est évident que les frais de transport du plan sont d'autant moindres, que les pépinières sont plus rapprochées du lieu de la plantation ; si donc un propriétaire a une grande étendue à peupler, 4 ou 500 hectares par exemple, je lui conseillerai, s'il veut faire des plantations de pins, d'établir plusieurs pépinières ; ses dépenses en seront de beaucoup réduites.

Avant donc d'aborder l'étude des plantations, nous devons examiner avec soin, la création des pépinières.

CHAPITRE XI

PÉPINIÈRES

Dans la création d'une pépinière, on doit d'abord considérer la nature de terrain, comme une des qualités essentielles de sa réussite; voici comment s'exprime à ce sujet Olivier de Serre, le patriarche de l'agriculture, dans son *Théâtre de l'Agriculture et Mesnage des champs* : « Pour le profit des arbres ayant esgard à « l'avenir, dit-il, est acquis le fond de la bastardière estre de « moyenne bonté ; à ce que les arbres nourris plus profitablement « que délicatement après estre fortifiés, tirés de là, se puissent faci- « lement reprendre en tous terroirs; comme très-bien ils seront « si de moyenne, ils sont transplantés en grasse terre ; ce qu'on ne « pourroit espérer si estant eslevés en lieux féconds on les logeoit « en maigre, selon que souventes fois on est contraint de faire. « Pour un préalable, la bastardière sera bien close (si mieux que « l'on n'aime la faire, joignant la pépinière, les deux estant dans « l'enceint du jardinage), à ce qu'un bétail ni autre rude approche « n'importune les jeunes arbres, et après très-bien cultivée par « réitérés labourages. »

Voici encore sur le même sujet ce qu'écrit Duhamel du Monceau dans son *Traité des semis et plantations*, page 157 : « On a « tort, dit cet auteur, de croire qu'il faille établir les pépinières « dans un mauvais terrain : les jeunes arbres y languissent ; leur « écorce devient galeuse et chargée de mousse ; le bois raccornit ; « les pousses sont faibles et tortues, et ne produisent en terre que « de mauvaises racines. Ces arbres périssent quand on les replante « dans de mauvais terrains, et ils sont longtemps à se rétablir dans « les bonnes terres. Je parle d'après ma propre expérience, car « ayant planté dans une excellente terre des arbres qui avaient « langui dans la pépinière, ils ont été longtemps à se rétablir ; et ils « sont actuellement moins gros que d'autres arbres de la même « espèce, qui sont plus jeunes, mais qui avaient été élevés dans un « bon terrain, jusqu'au temps où on s'en est servi pour les re- « planter dans le même terrain où on avait mis ceux que je leur « compare.

« Malgré cette expérience sur l'exactitude de laquelle on peut « compter, je conviens qu'il faut éviter de placer une pépinière dans « un terrain très-fumé, ou trop gras et trop humide : dans l'un et « l'autre cas, les arbres poussent avec force, mais leurs racines sont « toujours mal conditionnées ; et si on les transplante dans un terrain « plus sec, il arrive, ou qu'ils périssent dès la première année, ou « bien qu'ils y sont longtemps à prendre de la vigueur. »

Ces principes, tous les forestiers les admettent, tous les suivent. Dans un terrain de parfaite qualité les jeunes plants se développent avec vigueur, avec énergie ; transportez-les dans un sol moins riche et les radicelles ne trouvant plus les mêmes éléments nutritifs, le sujet dépérit rapidement, devient souffreteux et même meurt quelquefois. Transportez des sujets venus en terrain pauvre, dans un sol fertilisant, alors une réaction se produit par le changement des principes alimentaires de la plante ; celle-ci venue dans un sol maigre et languissant, la conformation de ses organes est vicieuse, aussi souffre-t-elle considérablement de sa contexture dans les premiers temps de sa transplantation. Je parle d'après des expériences nombreuses et toutes identiques quant à ces résultats. Il faut donc établir les pépinières dans un sol de compacité et de qualité moyennes ; on obtiendra ainsi les sujets qui offriront la réussite la moins problématique ; si cela est possible, il faut placer la pépinière dans un lieu qui soit à l'abri des vents du nord et des gelées tardives, qui ont quelquefois une déplorable influence sur les jeunes plants.

C'est en appliquant ces principes que j'ai créé ma pépinière de Pins maritimes; ne voulant pas faire de grandes plantations, elles ne sont pas dans mes vues, je pris 50 ares de terre franche, d'assez bonne qualité, ce terrain est situé sur une douce déclivité vers le sud; elle est entourée de pins de trente à quarante ans qui l'abritent parfaitement des autres expositions, sans cependant l'étouffer. Je fis parfaitement labourer et herser le sol; je semai ensuite les graines de Pin maritime à la volée, j'en jetai 5 kilog. pour ces 50 ares, ce qui est plus que suffisant; ces semences furent recouvertes par un léger hersage; j'ai obtenu ainsi un semis excellent; deux ans après, je fis enlever les sujets surabondants en réservant entre ceux que je laissais une distance de $0^{m},50$: aussi les radicelles ont pu se développer aisément et vigoureusement. C'est après la troisième année, que j'ai transplanté ces jeunes pins, ils ont assez bien réussi.

Cette pépinière, si j'avais voulu les utiliser tous, aurait pu me fournir 20,000 sujets; mais, comme je l'ai dit précédemment, je ne suis pas grand partisan des plantations, et ce n'est que dans des cas de nécessité que je me suis servi de cette méthode de peuplement.

J'ai au début de ce chapitre rapporté comment Olivier de Serres et Duhamel du Monceau entendent le choix du terrain; j'aurais encore pu citer les opinions conformes, de Oscar, — Leclercq, — Thouin, — de MM. Lorents et Parade et de bien d'autres; j'ai craint de devenir fastidieux et de lasser ainsi l'attention de mes lecteurs.

Qu'il me soit maintenant permis d'examiner quelques-unes de leurs opinions relativement à la formation des pépinières.

Les lignes suivantes sont écrites par M. Parade, conservateur des forêts et directeur de l'École impériale forestière, dans son *Cours de culture de bois*, page 598 : « Les semis ou pépinières se font « de préférence au printemps; il faut semer très-dru de manière « que les graines se touchent pour ainsi dire, et ne recouvrir celles-« ci, même les semences lourdes, que d'une couche de terreau, « tout juste suffisante pour empêcher que la pluie ne les mette à

« découvert. On comprend que des semis aussi drus fournissent le « plus grand nombre possible de plants, eu égard à la surface cultivée, « et en second lieu, que la mauvaise herbe ne saurait les envahir. « L'expérience prouve d'ailleurs que les plants qui en proviennent sont « abondamment pourvus de racines, surtout de chevelu, et qu'ils « ne s'affament point entre eux, même lorsqu'ils atteignent 40, 50 « et jusqu'à 70 centimètres de hauteur. Lorsqu'on procède à leur « extraction, les racines, quoique entrelacées, se démêlent et se « séparent aisément ; mais un certain nombre de tiges ayant été « dominées, surtout vers le milieu du sillon, sont demeurées faibles, « et ont besoin de se fortifier avant de pouvoir être mises définiti- « vement en place. A cet effet, on les repique dans des rigoles voi- « sines, ou dans celles mêmes d'où elles proviennent, et on les y « laisse jusqu'à ce qu'elles aient atteint les dimensions et la vigueur « désirables. »

Telles ne sont pas nos opinions à ce sujet; ce n'est pas de semblables principes que j'appliquerais à la formation des pépinières, car, il est évident que plus le chevelu du plant est fourni, plus la réussite de sa plantation est possible. Pour analyser un tel fait, examinons un instant ce qui se produit dans les jeunes radicelles au sortir du lieu où elles ont pris naissance, et ensuite à leur mise en nouvelle terre : par l'arrachage, les racines se dessèchent, et, conséquemment, les canaux séveux se rétrécissent; dans le premier temps de la transplantation ce mal produit se fait sentir dans la végétation ; chaque spongiole ne s'approprie qu'une faible quantité de sucs nutritifs, il y a comme une espèce d'hésitation dans la vitalité du plant; il faut, pour l'entretien de la vie du sujet, que le nombre des racines supplée à cette faiblesse d'absorption des spongioles. Le principe de M. Parade, d'après nous, n'est donc pas fondé : il faut au jeune plant la plus grande quantité de racines possible, et, en semant très-dru, comme il le conseille, on ne peut, du moins, dans l'espèce maritime, obtenir un grand chevelu ; je puis parler de ce fait par une expérience qui est faite sur une étendue de terrain considérable. J'ai pu vérifier ce principe dans les semis que l'État a faits le long du littoral, au fond du golfe de Gascogne, dont nous sommes fermiers pour l'extraction des résines. Nous sommes d'ailleurs propriétaire, dans ces mêmes lieux, d'une forêt de 150 hectares, totalement repeuplée, et très-épaisse par semis naturel. J'ai, cette année, fait éclaircir cette propriété ; des sujets de cinq, six ans et plus s'arrachaient facilement avec une main et nous montraient un pivot entouré de huit à dix faibles racines adventives; et, cependant, qu'on le remarque bien, ces sujets se trouvaient dans le sol par excellence du Pin maritime. Qu'un forestier veuille repiquer un tel plan et je lui promets mille déceptions.

CHAPITRE XII

DES PLANTATIONS

Les plantations se pratiquent différemment suivant les contrées où elles se font et les usages qui y sont établis. Nous examinerons les méthodes employées par nos forestiers les plus distingués ; mais avant d'entreprendre leur description, je dois signaler une opération, selon nous, très-pernicieuse : celle de couper le pivot des jeunes sujets avant de les transplanter.

M. Duhamel du Monceau, dans son *Traité des semis et plantations*, p. 127, s'exprime en faveur du retranchement du pivot ; il parle de la méthode usitée en Bretagne, qui consiste à placer sous les semences des tuileaux ou des pierres que le pivot ne pourra pénétrer. Il prouve ensuite (p. 131) que l'on a mal à propos regardé la racine en pivot comme essentielle au progrès des arbres.

M. Parade, dans son *Cours élémentaire de culture des bois*, se met de l'avis de M. Duhamel, et il soutient que le pivot d'un sujet à transplanter peut être coupé sans inconvénient, et que, cet enlèvement procurant une plus grande facilité dans les plantations, on doit le mettre en usage.

En faisant la description des racines du Pin maritime, j'ai essayé de réfuter cette assertion; j'y renvoie mes lecteurs. Pour soutenir mes dires, j'ai ceux de bien des physiologistes et forestiers, et ceux entre autres de l'abbé Rozier, dans son *Dictionnaire d'agriculture*, t. VII, p. 746 : « C'est donc contrarier la marche et la loi de la « nature, dit-il, que de supprimer le pivot à un arbre que l'on re- « plante, puisque la nature n'a jamais rien fait en vain ; si elle suit « cette loi générale et immuable pour tous les arbres, il est donc « ridicule à l'homme de s'en écarter, et plus ridicule encore de pen- « ser qu'il en sait plus qu'elle ; c'est cependant la seule conséquence « à tirer, et écrite en gros caractères, d'après la conduite journalière « des jardiniers, des pépiniéristes. Il y a plus ; ils ont rédigé un code « qui fixe la manière et l'art de mutiler les racines, et la sentence « de mort contre le pivot.

« Quelles raisons apportent-ils pour justifier ces préceptes bar- « bares? C'est vous, disent-ils, afin d'obliger l'arbre à pousser de « nouvelles racines. Il vaut tout autant dire qu'on doit exténuer un « homme qui se porte bien, en l'empêchant de se nourrir, pour « qu'ensuite il trouve le pain meilleur. Si l'arbre végète avec son « pivot, pourquoi donc en exiger le sacrifice ? Que l'on ne soit plus « surpris si cet arbre est si longtemps à se remettre de cette si terri- « ble épreuve, et si, parmi le nombre de ceux que l'on plante, il en « périt la majeure partie, je suis même étonné que ce nombre ne « soit pas plus considérable. »

Telles sont les dires et les opinions de l'abbé Rozier ; les principes qu'il pose sont irréfutables, on ne peut que se ranger sous une telle bannière.

Comme je l'ai dit précédemment, les méthodes de transplantation sont très-variées ; je parlerai des principales, afin que les forestiers puissent faire un choix de celles qui leur paraîtront les plus rationnelles.

De la saison convenable pour la plantation. — M. Soulange-Bodin conseille, dans *la Maison rustique du XIXe siècle*, d'exécuter la plantation des arbres résineux au printemps. MM. Lorents et Parade et bien d'autres forestiers sont d'une même opinion à ce sujet. Les plantations d'automne peuvent avoir de très-malheureux résultats ; ainsi j'ai vu des sujets mis en terre à cette époque ; l'hiver fut rigoureux ; des gelées nombreuses se firent énergiquement sentir ; la terre fut soulevée et les plants se trouvèrent presque complètement déchaussés; cette plantation dut être refaite au printemps suivant, elle réussit assez bien. Le bois du Pin maritime est très-sensible aux rigueurs hivernales dans son jeune âge; aussi ne doit-on commencer la transplantation que lorsque les froids vifs ont disparu; on peut assez généralement la faire depuis le 15 février et la continuer jusqu'à la fin de mars.

Du choix du plant. — Tous les forestiers le savent, la quantité des racines d'un arbre est en raison directe des ramifications, c'est-à-dire que plus les branches sont nombreuses, plus les racines le sont aussi. Mais nous le savons encore, plus un sujet a de racines, plus son repiquage offre de réussite.

Telles sont les deux règles qui doivent guider dans le choix du plant. Aussi, les propriétaires devront préférer à tous autres, les Pins pourvus de ramifications branchues, nombreuses et accusant le plus de vigueur dans la végétation. J'ai vu une plantation de Pins venus en massif serré, ils n'avaient conséquemment presque pas de branches; aussi n'ont-ils pas pu résister aux chaleurs de l'été, et la totalité de la plantation a été détruite.

De l'âge du plant. — Cette question a été vivement controversée par les praticiens; ils n'ont, pour la grande partie, pas d'opinions bien arrêtées; aussi la plus grande divergence existe-t-elle dans leurs méthodes particulières de culture.

L'expérience a permis de reconnaître que les plantations de jeunes Pins réussissaient bien mieux que celles de sujets plus âgés; j'ai pu constater toute la vérité de ce principe. Deux propriétaires de nos environs avaient deux parcelles de terrain de même nature et réunissant exactement des qualiés végétatives équivalentes. Ils les peuplèrent par le moyen des plantations; l'un mit en terre des sujets. âgés de 6 ans, l'autre n'y plaça que des plantes de 3 ans; le premier n'obtint que des résultats nuls, le second réussit assez bien.

Dans nos contrées, certains propriétaires forestiers, peu intelligents, croient encore faire une bonne spéculation en mettant en terre des sujets de 6 et 7 ans; ils ne songent pas qu'ils s'exposent à la destruction complète de leur repiquage.

Cependant, les auteurs sont aujourd'hui fixés et ils admettent généralement l'âge de 2 à 3 ans, pour la transplantation des résineux.

Dans les peuplements que j'ai fait exécuter, j'ai toujours choisi des plants de 3 ans; je me suis bien trouvé d'une semblable pratique.

De l'arrachage du plant. — Il s'exécute au moyen d'une bêche large de 30 centimètres environ, que l'on enfonce en terre autour du Pin, en formant un carré d'à peu près 30 centimètres de côté; on enlève ensuite avec le même instrument cette motte sur une épaisseur de 15 à 20 centimètres; on le conçoit aisément, l'arrachage par motte ne pourrait pas se pratiquer dans un terrain léger, sablonneux, l'adhérence ne serait pas assez forte, la motte ne tiendrait pas sur les racines et celles-ci resteraient toutes nues. Cette opération ne peut encore s'exécuter dans des massifs serrés dans lesquels les racines pressées forment comme un cotte de mailles à la surface. Il faut donc admettre encore le principe que j'ai établi en parlant de la formation des pépinières relatif à l'espacement à donner aux sujets et à ne choisir les jeunes plants que dans des semis clairs.

Du transport du plant. — Le transport des jeunes Pins peut s'effectuer sur des charrettes ou tombereaux à fond plat; ils doivent être enlevés du lieu de l'arrachage avec une bêche, et placés dans la voiture avec les précautions nécessaires pour ne pas les endommager; on en transporte généralement de 50 à 60 par voyage et même plus, suivant la facilité des communications et le poids des mottes. Les transports me sont revenus en moyenne à 4 centimes par pied; ils sont variables suivant le plus ou moins grand éloignement qui existe entre les pépinières et le terrain à peupler.

De la confection des trous et de la mise en place. — La mise en place est une opération très-délicate; le succès de la transplantation dépend souvent de sa bonne exécution.

Le plant doit, par la transplantation, être aussi enterré qu'avant cette opération. M. Parade conseille un usage différent, quoiqu'il admette le principe précédent. Il veut que le sujet soit placé un peu plus profondément dans un sol sec, afin que les racines se rapprochent davantage de l'humidité intérieure du sol; au contraire, on plante plus près de la superficie dans un sol humide; cette conduite est assez logique. Je l'ai suivie dans les plantations que j'ai fait exécuter et je m'en suis bien trouvé.

La qualité du terrain indique donc la profondeur à donner aux fosses de transplantation ; quant à leur largeur, elle doit toujours être plus grande que celle de la motte de 15 à 20 centimètres ; on en comprendra le but lorsque j'aurai indiqué comment se pratique la mise en terre.

Le planteur saisit la motte avec précaution et la place au milieu du trou ; avec les mains il étale bien les racines qui sont pendantes, il leur donne la direction naturelle qu'elles avaient précédemment, il les recouvre ensuite avec la meilleure terre végétale, qu'il a extraite du trou en la tassant avec le pied. Il est à remarquer qu'un seul ouvrier ne peut pas faire ce travail avec une grande facilité ; il est convenable de lui en adjoindre un autre ; ils feront réunis plus de travail que séparés.

Des frais de plantation. — Les frais de plantation varient, on le conçoit, avec l'espacement que l'on donne aux plants ; aussi ai-je établi le prix de revient par pied d'arbre, afin que, suivant le caprice du planteur, on pût toujours trouver un guide dans ces renseignements.

Un homme peut arracher, avec soin, dans un jour, 150 jeunes Pins ; il pourrait assurément faire un travail bien plus considérable, mais il serait aussi bien plus défectueux. Il peut encore mettre en terre dans le même temps et toujours avec les soins nécessaires 100 pieds d'arbres lorsqu'ils ne sont pas âgés de plus de 3 à 4 ans. Ces deux opérations, l'arrachage et la mise en terre, m'ont toujours coûté de 5 à 6 centimes par sujet.

Quant au transport, il est difficile de fixer à cet égard le prix de revient par pied ; il dépend des facilités de locomotion et de l'éloignement des pépinières. Jai pu l'établir moyennement au prix de 4 centimes par pied en supposant qu'il se puisse faire trois voyages par jour, et transporter de 40 à 50 sujets chaque fois.

Il est encore d'autres frais, que les propriétaires de pépinières n'ont pas à subir : ceux de l'achat des arbres ; je crois qu'en moyenne on peut fixer leur prix à raison de 5 centimes l'un ; c'est d'ailleurs le prix qu'ils sont payés dans nos contrées. Dans le cas où le dépeuplement de la pépinière devrait être total, il faudrait nécessairement donner une valeur aux arbres que l'on en extrairait ; mais, du moins, c'est ce que j'ai exécuté ; je n'ai fait arracher les sujets à transplanter qu'en éclaircissant, de sorte que, dans ma petite pépinière, les arbres que j'ai laissés sur place grandissent ;

ils sont destinés à vivre ainsi sur ce terrain et à me dédommager de mes frais de culture.

Somme toute, chaque pied de Pin maritime mis en place revient à 15 centimes décomposés ainsi qu'il suit :

Achat de l'arbre..	5 cent.
Arrachage et mise en place.	6
Transport.	4
TOTAL.	15 cent.

Le prix de revient d'un hectare varie suivant le plus ou moins grand espacement que l'on met entre les sujets ; voici donc ce que coûterait un hectare peuplé de Pins maritimes par plantations en carrés réguliers.

ESPACEMENT ADOPTÉ.	NOMBRE de Pins PAR HECTARE.	PRIX par PIED.	PRIX TOTAL de revient PAR HECTARE.	PRIX par PIED.	PRIX TOTAL de revient PAR HECTARE.	OBSERVATIONS.
		fr.	fr.	fr.	fr.	
1 mètre.	10,000	0.10	1,000.00	0.15	1,500.00	Ces calculs sont faits pour ceux qui achètent le plant et pour ceux qui le retirent de leur pépinière.
2 mètres.	2,500	Id.	250.00	Id.	375.00	
3 mètres.	1,111	Id.	111.10	Id.	166.65	
4 mètres.	625	Id.	62.50	Id.	93.75	
5 mètres.	400	Id.	40.00	Id.	60.00	
6 mètres.	278	Id.	27.80	Id.	41.70	
7 mètres.	204	Id.	20.40	Id.	30.60	

L'espacement de 4, 5, 6 et 7 mètres est beaucoup trop grand, comme je l'expliquerai en parlant des abris nécessaire au Pin maritime.

Les plantations avec l'espacement de 1 ou 2 mètres deviennent très-onéreuses, impossibles même pour des étendues assez considérables; cependant elles devraient être seules appliquées, car il est facile de comprendre qu'une plantation à une plus grande distance ne peut que souffrir cruellement de l'absence d'abris nécessaires à sa bonne végétation.

Dans nos contrées, elles se pratiquent avec un espacement de 6 à 7 mètres. Je dirai plus loin tout ce qu'elles ont de défectueux.

Pour compléter mes renseignements sur les plantations, je vais encore décrire quelques méthodes que je n'ai jamais pratiquées, mais qui me paraissent mériter l'attention des planteurs.

M. Hubert, dans sa brochure intitulée : *Traité ou méthode de cultiver les pins sauvages*, parle de plantations qu'il a fait exécuter dans les sables des dunes de la province d'Utrecht (Hollande) ; voici comment M. de Chambray (page 175) résume cette méthode : « Après avoir élevé des plants en pépinières et en lignes, sur un « terrain sablonneux préparé exprès, ou sur les dunes mêmes, « également en ligne, mais à $0^m,30$ de distance (et dans ce dernier « cas une partie du plant est destinée à rester en place), on le « plante à demeure dans l'année même : on peut ordinairement « exécuter cette plantation dès le quarantième jour après la germi- « nation, et cette opération peut se continuer pendant le printemps, « l'été, l'automne et même l'hiver, tant que le temps est doux. On « lève le plan avec une spatule ou une petite bêche, qu'il faut avoir « le soin d'enfoncer jusqu'à la profondeur des racines, qui ont « quelquefois de $0^m,25$ à $0^m,30$ au bout de deux mois après la « germination ; ce travail ne s'exécute qu'au moment de planter : « on tient le plan renfermé et couvert, et on l'arrose, s'il est néces- « saire, pour le maintenir humide ; on évite ainsi que les racines « de ce jeune plant ne souffrent du hâle et du soleil ; on se sert, « pour planter, d'une houlette légère, à manche court ; les plants « se placent à $0^m,35$ les uns des autres en tout sens dans les landes « et friches, et à $0^m,30$ dans les dunes. Le plant est placé aussi « serré pour occuper le terrain et pour que les jeunes Pins se pro- « tégent les uns les autres. La plantation est exécutée par trois plan- « teurs, qui opèrent en échelons et à reculons, et auxquels un « enfant donne le plant, qui est renfermé dans une petite boîte « ou dans un panier ; cet atelier peut planter en un jour 12 à « 1,500 plants, et, lorsque la plantation a été faite avec soin, il en « manque fort peu. Sur les dunes on commence la plantation par « leur sommet et l'on enterre le plant jusqu'à la plumule. Il est « digne de remarque que dans ces dunes on trouve l'humidité à « $0^m,02$ au-dessous de la superficie du sol ; il en est de même dans « celles des landes de Bordeaux. »

Cette méthode me paraît fort bonne et l'application pourrait en être conseillée aux amateurs de plantations. Dans les sables ce moyen de peuplement me paraît admissible, parce que, nous le savons tous, la grande difficulté de l'ensemencement de dunes consiste à faire éclore la tigelle du jeune plant à la surface. Dans les terrains fixes je n'oserais conseiller cette plantation; je trouverais le semis sur place bien plus rationnel. Cependant London[1] parle d'une méthode assez usitée en Angleterre et consistant à pratiquer en terre, au moyen d'une petite bêche, deux entailles se rencontrant à angles droits; en pratiquant la dernière incision l'ouvrier soulève la terre, et une femme, ou un enfant qui le suit, place alors dans l'angle une jeune plantule. Comme je l'ai dit précédemment, je préfère le semis sur place à un tel mode de peuplement, qui est, ou très-onéreux si on plante épais, ou qui offre peu de succès si le plant est espacé.

Voici encore une méthode appliquée dans la Marche de Brandebourg et décrite par M. Bertrand de Doue, dans un *Mémoire sur l'aménagement et le mode d'exploitation des bois de pins dans les environs du Puy* :

« L'ouvrier qui est chargé de cette plantation, dit M. de Doue « (page 14), ouvre en trois ou quatre coups de pioche une petite « fosse plus profonde que large. Il ramène vers ses pieds la terre « qu'il a remuée et la dispose en dos d'âne sur le bord même du « trou. Il prend ensuite un Pin dans le petit paquet ou dans le panier « qu'il a déposé près de lui et le place le plus d'aplomb qu'il est « possible, de manière que les racines atteignent le fond du trou, « et que sa tige s'appuie contre le petit tas de terre qu'il a retiré. « Alors s'avançant d'un demi-pas, il donne en avant du trou quel- « ques autres coups de pioche, ramène la terre contre le jeune Pin, « en ayant soin que la plus meuble soit immédiatement placée sur « les racines, et après l'avoir ainsi couvert, il consolide le tout en « pressant avec le pied et plaçant dessus une pierre ou deux, s'il y « en a à sa portée. Lorsque la terre n'est pas trop endurcie, un « ouvrier peut planter jusqu'à 300 ou 400 Pins par jour. Il en forme « des lignes ou rangées qu'il dirige en allant de bas en haut, dans « les terrains en pente. S'ils sont plusieurs ouvriers, chacun fait sa « rangée et dispose ses Pins en échiquier, par rapport à ceux de son « voisin. On laisse ordinairement un intervalle de 5, 6 ou 7 pieds

[1] *Arboretum et fruticetum Britannicum, or the trees and shrubs of Britain.*

« (1^m,62, 1^m,95 ou 2^m,27) entre les rangées et autant d'un Pin à « l'autre. Cette distance pourrait, sans inconvénient, être portée « jusqu'à 8 ou 9 pieds (2^m,60 ou 2^m,90) dans les terrains un peu « profonds où l'on prévoit que les Pins acquerront une certaine « grosseur. »

Tels sont les renseignements que je m'étais proposé de donner ; je laisse à l'intelligence de mes lecteurs le choix dans ces différentes méthodes, ne me portant fort pour le succès d'aucune d'elles.

Maintenant que je crois avoir exposé l'état de la science forestière du Pin maritime, tant pour les semis que pour les plantations, je vais entreprendre une comparaison de ces deux modes de peuplement, en faisant connaître les succès bien différents que j'ai obtenus par leur application.

CHAPITRE XIII

COMPARAISON DES SEMIS ET PLANTATIONS

Une foule d'auteurs se sont prononcés à ce sujet, les uns opinant pour les semis, les autres pour les plantations. Nous n'analyserons pas leurs différentes appréciations ; je ne serai ici que l'interprète des résultats obtenus par mes propres expériences.

Étant propriétaire de plusieurs plantations et de plusieurs semis faits bien souvent dans des terrains complétement identiques, j'ai pu me faire de sérieux principes à ce sujet.

Je veux comparer ici les plantations faites avec soin et les semis les mieux exécutés et pratiqués principalement sur un labour à la charrue. Nous ne parlons qu'avec le progrès et nous ne devons citer que les moyens qu'il emploie.

Dans les pays forestiers, et dans les landes entre autres, une incertitude assez fatale aveugle un grand nombre d'esprits sur cette question ; on soutient les semis, on soutient les plantations, sans s'attacher à rechercher le motif d'une de ces opinions ; on sème et on plante sans trop savoir pourquoi l'on sème et pourquoi l'on plante.

Je n'ai pas la prétention de vouloir trancher dans le vif de cette question et de chercher à ramener mes lecteurs à mes vues. La Bruyère nous le dit dans ses *Caractères :* un tel but est une trop grande entreprise. Je m'appliquerai à parler et à penser juste, et à traiter le problème que je me suis posé avec froideur et sans aucune prévention.

Que se passe-t-il dans la transplantation du jeune Pin ? En enlevant le plant du lieu où il s'est formé, de la pépinière, il faut nécessairement le séparer d'une partie, d'une grande partie même, des racines qui l'attachaient au sol ; nous l'avons déjà vu et expliqué au sujet de la description de la tige et des branches du Pin maritime, une certaine corrélation se manifeste inévitablement entre les ramifications de la tige et les racines, en sorte que la destruction de cet équilibre est toujours un préjudice causé à l'arbre. Tel est le premier inconvénient que nous signalons à la charge des plantations; il est si bien établi, que plusieurs planteurs conseillent, au moment de la mise en terre du sujet, de lui couper quelques branches qui le surchargent.

Au contact de l'air, les extrémités des radicelles se dessèchent d'autant plus que le séjour dans l'atmosphère se prolonge davantage; la vie se retire vers l'intérieur, et la reprise de la végétation devient laborieuse, pénible et souffreteuse. Convaincus de cette hésitation, certains forestiers ont reconnu l'utilité de rafraîchir les incisions de l'arrachage faites sur les racines, par une nouvelle coupe au moyen d'un couteau, avant leur mise en terre. Besoin n'est pas d'expliquer combien une telle pratique serait impossible ou très-dispendieuse quand on a des peuplements étendus à faire.

Le transport des mottes avec quelques soins et quelques précautions qu'il soit fait déchire toujours un certain nombre de racines ; déchire l'écorce primaire qui les recouvre et qui éclate suivant les pressions qui la fatiguent, et il s'établit ainsi des solutions de continuité dans les tissus qui la forment.

Par le changement du lieu, l'alimentation change aussi ; le jeune plant est obligé de subir un nouveau régime et ce n'est pas sans qu'il en ressente les fâcheuses influences.

Telles sont les principales objections que l'on est en droit d'adresser à cette méthode de peuplement ; les résultats sont là pour les justifier et en garantir la sincérité.

L'expérience nous rappelle toujours la réalité des choses, elle contrôle ou doit contrôler tous les faits. Elle ne nous montre jamais dans la plantation une réussite complète ; il est toujours des sujets qui ne peuvent supporter les nouvelles conditions dans lesquelles on les a placés, ils dépérissent, se sèchent et meurent.

J'ai toujours reconnu que le nombre à substituer ainsi variait du sixième au septième de la plantation entière ; M. Crouzet dans le compte rendu du *Moniteur*, déjà cité, ne l'évalue pas à moins d'un sixième. On ne saurait exiger une preuve plus palpable des faits que nous avons signalés plus haut.

La végétation d'une plantation est toujours pénible, et témoigne à l'extérieur des perturbations organiques qu'elle a subies ; son feuillage est étiolé et sans vigueur ; on sent qu'il s'accomplit dans le sujet une lutte laborieuse ; ses ramifications semblent lui peser lourdement ; ses jets annuels sont faibles et ne dépassent pas quelques centimètres ; partout dans son existence, on s'aperçoit de cette vitalité atrabilaire et rachitique.

Le manque d'abri produit encore dans la plantation de Pins les vexations les plus malheureuses. Les vents les écrasent, les tourbillons les déprécient, les pluies ne sont même pas sans les inquiéter ; les fortes gelées ont sur eux une mauvaise influence, ayant plus de branches qu'ils ne devraient en supporter ; la neige en hiver les fatigue ; par la même raison de leur trop grand nombre de ramifications, la séve s'arrête dans le bas de la tige et forme ces turgescences qui se montrent à la naissance de chaque branche.

Je ne parlerai pas des arbres contusionnés, échoupés par les bestiaux ; je n'irai pas plus loin dans l'étude des faits, ceux que je viens d'exposer suffisent pour faire apprécier la valeur économique des plantations.

Dans les semis au contraire s'accomplit une végétation bien plus naturelle et partant bien plus vigoureuse ; le jeune Pin se développe avec facilité, ses radicelles s'étendent dans le sol et s'en emparent dans quelques jours ; dans les premières années le sujet apparaît avec les annonces d'une vitalité puissante et naturelle ; rien dans son extérieur ne sent la gêne, ni ces souffrances organiques qui se trahissent dans les plantations ; son feuillage d'un vert brun s'étale avec splendeur ; ses jets annuels se produisent avec vigueur; ils atteignent jusqu'à un mètre par chaque printemps ; enfin, tout nous montre chez le Pin provenant d'un semis, une végétation aisée, facile et s'accomplissant sans obstacle.

J'ai une lande parfaitement identique quant à la nature du sol ; elle est séparée en deux parties par un chemin de 6 mètres de large. Une des portions a été plantée de Pins âgés de trois ans, et l'autre a été peuplée par un semis fait à la charrue dans la même saison; les sujets de ce dernier ont actuellement cinq années d'existence et ceux de la plantation en ont huit ; les Pins venus par le semis atteignent une hauteur moyenne de 2m,85, tandis que les plus beaux de la plantation ne dépassent guère 2m,10. Je dois dire qu'il est même des sujets de ce dernier peuplement qui sont bien loin de montrer une telle hauteur ; ainsi les Pins que j'ai dû remplacer, par suite de la mortalité habituelle dans les plantations, sont encore arriérés; l'ensemble de la pinière est fort irrégulier. Dans le semis au contraire la croissance est beaucoup plus belle, plus vigoureuse, et nous présente un avenir bien différent de celui de la plantation ; nous pourrions citer une multiplicité de preuves à l'appui de nos dires, elles nous convaincraient toutes des inconvénients palpables des plantations en nous faisant apprécier davantage les beaux résultats des semis intelligemment exécutés.

Nous avons des plantations plus anciennes qui peuvent parfaitement nous fixer à cet égard ; nous possédons de tels sujets soumis au gemmage ; il est aisé de remarquer dans tous des irrégularités dans la direction de la tige, quelque bien réussi que soit le peuplement ; dans de telles conditions le gemmage devient difficile, les quarres ou incisions ne pouvant être bien conduites. On trouve des mâts de navire dans des peuplements par semis, on n'en voit jamais dans des plantations.

Comme produit en bois, les semis ont un immense avantage sur les transplantations, mais, par contre, ces dernières semblent donner un plus fort rendement en résine ; on comprend qu'il en soit ainsi, ces sujets ont des tiges très-courtes et garnies de ramifications nombreuses et vivaces; ils sont généralement couronnés d'un feuillage très-fourré; les ouvriers reconnaissent une différence dans le rendement qu'ils produisent, différence légère, mais existant cependant.

Toutes ces considérations balancées doivent faire rejeter les plantations de toute culture progressive, les semis produisent seuls des résultats sérieux et vraiment rémunérateurs.

C'est l'expérience qui nous autorise à tenir ce langage.

Tels sont les principes dont nous ne nous départirons jamais.

CHAPITRE XIV

DES ÉCLAIRCIES

L'éclaircissement d'une forêt, appelé aussi coupe d'amélioration, consiste dans l'enlèvement des sujets surabondants et qui peuvent, par leur persistance sur le sol, porter obstacle à la végétation générale de la forêt.

Le Pin maritime est très-sensible, dans sa jeunesse surtout, aux vents froids et aux fortes gelées, qui produisent quelquefois sur sa végétation les effets les plus désastreux.

Les éclaircies doivent être dirigées dans des buts différents, suivant diverses causes que nous analyserons, et conséquemment différemment pratiquées. Cette opération, suivant son exécution, favorise la croissance du Pin en longueur ou en largeur; lorsque l'on veut obtenir la longueur dans le bois, on doit ne les espacer que peu; quand au contraire on veut avoir de la largeur, l'espacement doit être plus fort. Nous traiterons séparément des principes qui doivent guider dans ces deux buts ; on le conçoit aisément, cette opération est une des plus délicates de la culture forestière : de son exécution dépend l'avenir de la forêt. Aussi tous les auteurs ont-ils recommandé les plus grands soins et les plus grandes précautions à ce sujet.

L'âge auquel cet éclaircissement doit se pratiquer ne peut être fixé avec précision; il dépend de plusieurs circonstances qui le hâtent ou le retardent. La force de croissance, l'exposition, la situation du semis, sont autant de considérations que l'intelligence du forestier doit prendre pour le guider dans cette opération.

Dans un semis très-épais, la première éclaircie doit se pratiquer à l'âge de quatre ou cinq ans; mais ce ne doit être qu'avec les plus grands soins; car, par le retranchement d'un certain nombre de sujets, une réaction s'opère dans la végétation de ceux qui restent sur le sol; la circulation de l'air, l'influence calorifique du soleil, dont ils étaient privés, peuvent leur être funestes si des ménagements ne sont pas pris. L'année dernière, j'ai fait pratiquer une éclaircie dans un peuplement que j'avais fait par bandes alternées; le semis ayant été fait très-dru, le nombre des sujets venus était considérable; leur âge était de quatre ans et leur hauteur moyenne de $1^{m},40$. Je les fis espacer de 20 à 30 centimètres, et dans deux ans, c'est-à-dire à l'âge de six ans, je les mettrai à 50 centimètres l'un de l'autre.

Dans les lieux peuplés par un semis clair, cette opération du dépressage doit se faire bien plus tard. Cette époque est d'autant plus reculée que les sujets sont plus espacés.

La rapidité de leur croissance et leur énergie végétative doivent seules guider le forestier dans le choix de l'époque de la coupe d'amélioration.

L'éclaircissement se pratique dans l'hiver, alors que la circulation de la séve s'est arrêtée dans le bois, époque que la sylviculture appelle de morte-séve.

Le nombre des éclaircies à faire dans un semis ne peut pas être rigoureusement indiqué. Il varie suivant l'époque à laquelle la première a été exécutée et suivant aussi la force végétative de la pinière. Ainsi, il est évident que le premier dépressage étant exécuté à l'âge de quatre ans, comme dans mon cas rapporté ci-devant, il faudra répéter les éclaircies plusieurs fois avant d'abandonner les arbres à leurs propres forces.

Exécution des éclaircies. — Les méthodes d'exécution varient avec l'âge des sujets à enlever. Dans les jeunes semis, lors de leur premier dépressage, je conseillerais, si la ténacité du sol n'y mettait obstacle, l'arrachage du plant à la main, et voici les motifs sur lesquels je fonde mes opinions : par l'enlèvement des jeunes pins à la main, il se produit un retournement de la surface du sol, opération qui ne peut qu'être des plus avantageuses à la végétation des sujets en établissant une communication plus facile entre l'atmosphère et le chevelu des jeunes arbres.

MM. Ivart, Féburier, Bosq, Delamarre et plusieurs autres conseillent l'application de cette méthode. Il est évident que les sujets dont la venue est la plus belle doivent toujours être respectés et que l'on doit de préférence enlever ceux présentant des défectuosités naturelles.

C'est au moyen d'instruments tranchants que le dépressage s'exécute ; on doit veiller à ce que par cette opération les jeunes pins de réserve ne soient pas endommagés ; à leur âge, la moindre blessure peut être pour eux une cause de mort. Le propriétaire ne saurait prendre assez de précautions pour assurer la bonne exécution de l'éclaircissement. Les ouvriers chargés de ce travail ne songent pas que leur incurie, leur maladresse peut porter les plus grands préjudices à l'avenir d'une forêt. J'ai pu m'apercevoir de leur insouciance à cet égard dans des éclaircies que j'ai fait exécuter moimême ; il me fallait une surveillance des plus actives pour ne pas m'exposer à des dégâts que je voulais éviter. Le savant M. de Buffon l'avait compris ; aussi écrit-il à ce sujet, dans ses *Expériences sur les végétaux :* « Ce qui peut dégoûter de cette pratique utile, c'est « qu'il faudrait pour ainsi dire la faire par ses mains. »

M. Vétillart, dans un mémoire sur la *Culture du Pin maritime dans le département de la Sarthe*[1], a donné (page 29) des renseignements pleins d'exactitude sur l'éclaircissage de cet arbre. Je vais les reproduire textuellement, persuadé qu'ils seront goûtés par tous nos forestiers.

« Lorsque le semis du Pin maritime est bien levé, dit-il, il ne « s'agit plus, pendant trois ou quatre ans, que de le préserver du « parcours des bestiaux, surtout des chèvres et des moutons, qui « ne manqueraient pas d'en brouter les sommités. La troisième ou

[1] Observations pratiques sur la culture du pin maritime dans le département de la Sarthe, insérées dans les *Mémoires de la Société centrale d'agriculture de France* de 1835.

« quatrième année, selon la vigueur des plants, on doit commencer « à supprimer tous les sujets fourchus et mal venants, et même une « partie de ceux qui sont beaux, lorsqu'ils sont très-serrés les uns « contre les autres ; à cet âge, on les arrachera facilement à la « main. La seule règle que l'on puisse assigner à cette opération, « qui est essentielle et de laquelle dépend beaucoup le succès de la « pinière, c'est de la confier à un ouvrier intelligent, qui conserve « les arbres les plus beaux et les mieux venants ; ils doivent être « espacés, après l'opération, de manière que leurs branches laté- « rales se touchent sans se croiser. Les pins qui auront été repiqués « seront traités de même à mesure qu'ils en auront besoin.

« L'éclaircissage doit se répéter tous les ans ou tous les deux ans ; « les arbres se trouveront beaucoup mieux d'être espacés peu à peu « que de rester pressés plusieurs années et de se trouver ensuite, « par un éclaircissage trop abondant, isolés et livrés à l'influence « du grand air et de la lumière, auxquels ils ne sont pas accou- « tumés ; ils seraient étiolés, auraient peu de branches latérales et « ne pourraient résister aux grands vents, qui les inclineraient. « C'est pour cette raison que l'on voit tant d'arbres arqués dans « les pinières où l'éclaircissage a été fait trop tard et sans intelli- « gence. Quelques propriétaires n'éclaircissent qu'au bout de dix à « douze ans ; ils prétendent que leurs pins deviennent plus longs et « plus droits lorsqu'ils sont pressés, qu'ils en tirent plus de revenus « et qu'ils ont moins de dépense à faire. Cette méthode a son beau « côté, qui pourrait séduire quelques personnes ; mais, comme elle « est contraire aux principes d'une bonne culture, je vais la com- « battre par l'expérience.

« D'après ce procédé, il n'y a aucune dépense à faire pendant « les dix à douze premières années ; à cette époque, on tire de la « pinière, par le premier éclaircissage, un bien plus grand nombre « de bourrées ; ces bourrées sont très-longues, elles contiennent « peu de feuilles et se vendent plus cher que celles d'une pinière « qui est souvent éclaircie. Jusque-là, l'avantage paraît évident ; « mais que reste-t-il sur le terrain après l'éclaircissage? des arbres « étiolés, très-longs, très-grêles, presque sans feuilles et aussi gros « du haut que du bas. Une telle pinière languira pendant plusieurs « années, la plupart des arbres seront arqués par le vent et repren- « dront d'autant plus difficilement de la vigueur que l'éclaircissage

« a été fait plus tard ; enfin, au bout de dix-sept à dix-huit ans, les « arbres seront assez gros pour faire de la corde à brûler ; encore, « pour cela, faudra-t-il que la terre convienne bien à cet arbre ; car « que serait-ce qu'une pinière ainsi traitée dans un terrain ingrat ? « Il est facile de le voir : on peut examiner une pinière appartenant « aux hospices du Mans, située au bout du chemin de Perquois, « commune de Pont-Lieue ; elle a été semée en 1828 et abandonnée « à elle-même depuis cette époque : les entrepreneurs qui l'ont « ensemencée répondaient pendant trois ans du semis ; dans la « crainte de ne pas réussir du premier coup, ils ont semé beaucoup « plus de graines qu'il n'en fallait. Dès la seconde année, le terrain « eût été facilement pris pour un pré, tant il y avait de pins qui « tous se touchaient : ceux qui n'y connaissaient rien trouvaient ce « semis magnifique ; mais, au bout de quelques années, le sol a « été épuisé, les arbres se sont mangés les uns les autres : mainte- « nant il en est mort une grande partie, on voit les autres périr par « milliers ; à peine quelques-uns, d'endroit en endroit, ont-ils pu « étouffer leurs voisins et s'élever au-dessus de ce fouillis impéné- « trable. La pinière, âgée maintenant de sept ans, a à peine quatre « ou cinq pieds de hauteur ; et quand même on éclaircirait, le sol « est trop épuisé pour que cette plantation vaille jamais quelque « chose.

« Que l'on examine ensuite, à quelques cents pas de là, les pi- « nières de M. Bérard aîné et les miennes, faites à peu près à la « même époque ? La question sera résolue de la manière la plus « positive en faveur de celle-ci : on y verra des arbres convenable- « ment espacés, tous de même force et de même hauteur, grands « déjà de dix à douze pieds et ayant cinq à dix pouces de circonférence. « Les pousses vigoureuses de chaque année ont de un pied et demi à « deux pieds de longueur ; les branches latérales nombreuses sont « garnies d'un feuillage épais et d'un beau vert qui abrite le tronc « et nourrit de nombreuses et fortes racines, qui affermissent soli- « dement l'arbre sur le terrain et le mettent dans le cas de résister « aux plus grandes tempêtes.

« Lors de l'éclaircissage des premières années, on arrache facile- « ment les arbres en les tirant à la main ; dès qu'ils sont devenus « trop gros, on se contente de les couper au raz de terre à la serpe, « ce qui se pratique jusqu'à la dixième ou douzième année ; les

« arbres à cet âge sont assez espacés pour pouvoir être arrachés à la « pioche, sans endommager ceux qui restent : le remuement de la « terre occasionné par cette opération est salutaire à ceux-ci et « favorise le développement de leurs racines.

« L'éclaircissage s'opère ordinairement depuis le mois d'octobre « jusqu'à la fin de mars, parce que c'est le moment de repos de la « séve. Si l'on éclaircissait pendant l'été, il serait à craindre que les « jeunes pins ne fussent saisis trop subitement par le soleil et la « chaleur. La séve pourrait être arrêtée dans les pousses tendres, et « les arbres en éprouveraient un grand préjudice; et quant au « produit, les bourrées faites en été ont moins de valeur que celles « qui sont faites en hiver. »

Il n'est pas possible de fixer le nombre des éclaircies successives qui doivent se pratiquer dans nos pinières, comme nous l'avons dit précédemment, elles dépendent de causes trop variées et trop différentes les unes des autres. L'intelligence du forestier est le seul guide à conseiller dans ces opérations. Comme le dit M. Vétillart dans l'exposé précédent, l'éclaircissage doit être souvent répété ; il pense que l'on doive le faire tous les ans ou tous les deux ans ; cette règle est excellente dans les premiers dépressages, mais les pins arrivés à dix ou douze ans n'ont pas besoin d'un éclaircissement aussi répété : voici à ce sujet dans quelles époques se pratique cette opération dans nos contrées :

Depuis 4 ans jusqu'à 10 ans de semis. . Tous les deux ans.
Depuis 10 ans jusqu'à 16 ans. . . . . Tous les trois ans.
A 20 ans une éclaircie.
A 25 ans une dernière éclaircie.

Ce qui me fait un total de sept éclaircies que je pratique dans nos pinières ; je les trouve assez répétées, et cette pratique m'a donné d'excellents résultats jusqu'à ce jour.

Espacement définitif à adopter. — Il est encore une question essentielle à examiner, celle de savoir quel est l'espacement définitif à adopter entre les Pins.

Si nous voulions rapporter les diverses opinions émises à ce sujet et les discussions auxquelles elles ont donné lieu, il serait facile de juger, et sans appel, que la plupart des auteurs qui donnent ces renseignements n'ont jamais connu la gestion d'un peuplement forestier.

M. Delamarre[1] avait adopté l'espacement de huit pieds entre chaque arbre. « Je viens de parler, dit-il, de l'espacement de huit pieds, « et c'est ainsi que je me suis exprimé pour manifester que c'était « l'espacement définitif à adopter pour les Pins. » Par ce moyen, il conservait de quinze à seize cents sujets par hectare.

En 1826, sur des questions posées par M. Achille de Jouffroy à la Société centrale d'Agriculture de France sur la culture des Pins, M. le vicomte Hénicart de Thury, rapporteur, à ce sujet rendit la réponse suivante relative à la quantité d'arbres laissés sur pied dans un hectare.

Après la première éclaircie, dit-il, faite à 30 ou 40 ans, on compte de. . . . . 4,000 à 5,000 tiges;

Après celle qui se fait à 60 ans. .	1,500	à	2,000	—
Après celle de 80 ans.	800	à	1,000	—
Après celle de 100 ans.	600	à	800	—

Enfin, la coupe définitive se fait à 120 ans.

Je ne discute pas de telles opinions, elles se condamnent d'elles-mêmes par leur exagération. La distance à observer entre chaque tige varie suivant le but que l'on cherche dans la culture de la forêt.

Lorsque par la création des pinières on ne se propose d'obtenir que du bois, l'espacement peut ne pas être considérable ; cependant, dans l'intérêt du propriétaire comme dans celui du consommateur, je crois que la distance dans ce cas ne doit pas être moindre de 5 à 6 mètres, lorsque la vie des Pins doit dépasser trente ans. Parvenus à cet âge, ils sont pourvus de ramifications nombreuses qui s'accroissent annuellement en longueur; par un trop faible espacement, leurs branchages s'entrelacent et forment une couverture que les ardeurs du soleil ne peuvent percer, et tous les forestiers le savent; dans de telles circonstances, les Pins maritimes destinés à vivre longtemps sur le même sol s'étiolent, leur végétation se ralentit et est comme suspendue; leur aspect annonce une faiblesse, je dirais presque une prostration dans les forces végétales.

[1] *Traité da la culture des pins à grandes dimensions*, page 163.

M. Delamarre dit (page 160 de son Traité) « que plus les arbres « sont jeunes, plus ils sont poreux, et plus ils sont susceptibles de « vivre par leurs tiges et par leurs feuilles. » « Les arbres résineux, « ajoute-t-il, doivent être plus particulièrement dans ce cas-là, « puisqu'ils conservent toutes leurs feuilles. » Au rapport de M. Bosc[1], à l'article *Pin*, page 81, t. X, l'espèce maritime est plus encore que les autres pins susceptible de vivre davantage par sa tige et par ses rameaux, en ce que son bois est plus poreux. Mais, personne ne peut en douter, les Pins venus en massif serré ne sont jamais branchus, et n'ont conséquemment que peu de feuilles, ils perdent donc ainsi une grande partie de leur vitalité et les principes prônés par MM. Delamarre, Bosc et bien d'autres, ne sont pas fondés. Je ne parle pas avec un esprit de prévention ni de dénigrement ; les opinions que je me suis faites à ce sujet, je les dois à de nombreuses observations que j'ai faites dans le département de la Gironde près de Bordeaux, où les propriétaires laissent subsister encore ce mode de culture des plus préjudiciables à leurs intérêts.

Que l'on examine les principes posés à ce sujet par le directeur fondateur de l'École impériale forestière de Nancy, cette source féconde en savants sylviculteurs[2]; il est établi en principe général que les arbres dont le couvert est épais doivent croître en massif serré, tandis que ceux dont le couvert est faible exigent plus d'espace ; nous le savons tous, le Pin maritime est dans ce dernier cas. Ensuite, comme ces auteurs l'expliquent au sujet de l'exploitation du Pin maritime, (page 295) ils n'admettent en dernier lieu qu'un nombre de trois cents arbres par hectare, ce qui représente à peu près 6 mètres. entre chaque arbre. Enfin, que les partisans d'un système opposé viennent contrôler mes vues avec la pratique constante de l'administration des forêts dans nos contrées, et ils seront convaincus de la vérité de mes dires.

L'espacement adopté par nos forestiers pour le Pin maritime varie de 6 à 7 mètres; je l'ai toujours suivi dans les éclaircies que j'ai eu à faire exécuter. On conçoit facilement que les Pins destinés au gemmage ont besoin d'une quantité d'aliments plus grande que les Pins non gemmés; il leur faut conséquemment une plus grande

[1] *Nouveau Cours complet d'Agriculture théorique et pratique.*

[2] *Cours élémentaire de culture des bois*, par MM. Lorents et Parade.

surface pour qu'ils puissent y puiser plus abondamment les sucs nutritifs nécessaires à leur généreuse existence.

Frais et produit d'éclaircissages. — C'est sur cette question que les plus grandes erreurs ont été commises. Les directeurs des Compagnies de défrichement des landes, prenant pour base une culture forestière du Pin maritime faite dans les conditions des plus favorables à l'écoulement des bourrées, des cotrets, etc., ont cru pouvoir placer dans ces mêmes conditions la totalité de nos landes de Gascogne, et c'est là la pierre contre laquelle ils ont buté. Ils n'auraient pas dû ignorer que ce n'est qu'aux approches des grandes villes que l'on doit compter sur ce revenu, et lorsque les moyens de transport ne sont pas trop onéreux; mais il y a de l'illusion à vouloir appliquer ces principes à des localités dans lesquelles les produits de l'éclaircissage et de l'élagage sont donnés à tous les habitants sans la moindre redevance. Ainsi, j'ai moi-même fait exécuter cette année un éclaircissage et un élagage dans une pinière de 20 hectares et située à 16 kilomètres de la ville de Bayonne, centre d'une population d'à peu près 28,000 âmes; les produits que j'ai obtenus par les opérations précitées couvrent le sol, et les habitants de la commune de Capbreton, que j'habite, vont s'en approvisionner sans que j'y mette le moindre obstacle. J'ai encore fait deux éclaircies dans d'autres situations, et les bourrées et les cotrets que j'aurais pu en obtenir auraient été sans valeur.

Bien plus, l'administration des ponts et chaussées, ayant besoin d'une quantité considérable de fascines de Pin maritime pour la construction d'une digue du port de Capbreton, coupa elle-même dans les forêts des dunes du sud, tous les arbres de huit à douze ans dont elle eut besoin, sans que l'administration des forêts songeât seulement à lui demander la moindre valeur des bois qu'elle lui enlevait. Ceux qui ont visité cette forêt le savent très-bien, la quantité des sujets reproduits par semis naturel est innombrable; si l'écoulement en était facile, nous nous assurerions ainsi un grand revenu de nos pinières. Il est évident que cet enlèvement de jeunes plants ne se faisait pas par une coupe à blanc étoc; elle se partageait en jardinant, afin d'assurer la régénération de la forêt.

Dans nos contrées, l'éclaircissage ne donne pas de produits avant l'âge de dix-huit à vingt ans. Les Pins coupés alors, sont employés à confectionner du charbon ou du bois de chauffage, dont l'écoulement est assez facile.

On n'aurait donc pas dû poser en principe général un rendement qui est d'une abstraction complète et dépendant de situations toutes particulières. Delamarre a eu tort d'assurer aux propriétaires sans distinguer les circonstances favorables ou défavorables, la rentrée en bénéfice dès l'âge de dix à douze ans du semis.

Enfin, dans nos contrées, tous les forestiers estiment que ce n'est qu'à la dernière éclaircie, c'est-à-dire à vingt-cinq ans, que les frais de semis, d'éclaircissage et d'élagage leur sont remboursés. Et c'est là un principe confirmé par les résultats de la pratique.

CHAPITRE XV

DE L'ÉLAGAGE

L'élagage d'un arbre consiste dans l'enlèvement d'une ou plusieurs couronnes de branches dans le but de favoriser le développement de la tige.

Cette opération, quoique diversementappréciée par les auteurs, a cependant une utilité incontestable dans l'économie forestière. Elle est le moyen employé pour la direction des forêts suivant le mode de production. Elle nous donne indifféremment dans la même espèce, soit les grosses pièces de charpente, soit les mâts de navires. Pour parvenir à ces résultats, il suffit de connaître la végétation de l'arbre et de la diriger selon le but que l'on veut atteindre.

Il est évident, et personne ne peut en douter, que l'enlèvement des branches est une blessure pour l'arbre qui les supporte. Ce retranchement est funeste sous deux points de vue : d'abord par une extravasation de séve, d'autant plus considérable que la plaie est plus grande ; cet inconvénient très-préjudiciable à la végétation des arbres feuillus, ne l'est point autant pour le Pin maritime et les résineux en général. Et voici comment s'explique cette particularité :

La séve du Pin maritime a son contact avec l'air, se résinifie par une absorption considérable d'oxygène, devient solide et se cristallise, pour ainsi dire, dans les conduits résinifères du tronc de la branche ; de sorte que la communication de l'intérieur à l'extérieur de l'arbre étant bientôt rompue, la perte de séve n'est pas considérable.

Un inconvénient plus grave de l'élagage est la perte des feuilles par l'enlèvement des branches. Nous le savons tous, les feuilles sont des organes de vie pour l'arbre ; en les détruisant, on détruit donc en lui une partie de sa vitalité ; on lui enlève un moyen puissant d'alimentation ; à ce point de vue, l'élagage devrait, ce me semble, être proscrit. Il faudrait abandonner une pratique dont les résultats sont la destruction des principes végétatifs de l'arbre. Mais à cette seule considération ne doit pas s'arrêter le forestier : il doit pousser plus loin ses investigations et ses recherches. Cependant, certains auteurs, de ceux qui n'approfondissent pas les opinions qu'ils exposent, se sont livrés à ce sujet à certaines élucubrations quelque peu indigestes et ont voulu par leurs énergiques récriminations rayer le mot *élagage* du dictionnaire forestier ; mais peut-on condamner avant d'avoir jugé ?...

Admettons donc un instant que l'élagage ne soit plus pratiqué dans une forêt de Pins maritimes, et examinons comment s'exécute sa végétation : les branches inférieures se sèchent et meurent sur le pied même qui les a créées ; quelque temps après, leur propre poids, aidé du vent, les brise en laissant sur la tige des chicots dont la longueur varie de 20 à 60 centimètres environ. Le moment de l'exploitation arrive, exploitation très-difficile pour les ouvriers, par le bois des chicots que l'exsudation de la résine a rendu d'une dureté égale à celle des bois les plus denses ; ce moment d'exploitation arrivé, dis-je, le bois de ces Pins maritimes ne sera vendu qu'à des prix bien inférieurs à celui d'arbres soignés et élagués dans le cours de leur existence. Débité en planches ou madriers, ce bois est noueux et plein de défectuosités qui en diminuent considérablement la valeur.

Faut-il donc encore, pour détruire ce préjugé contre l'élagage, parler d'un fléau de la végétation, des branches gourmandes, qui absorbent au détriment de la tige une quantité considérable d'aliments? faut-il dire que l'épanchement de la séve est quelquefois tellement actif dans ces branches, qu'elles prennent des dimensions aussi grandes que la tige elle-même? Voilà, à coup sûr, des ramifications que ces adversaires ne voudraient pas voir exister, et voilà cependant les résultats auxquels leurs théories les conduisent.

Il faut donc que l'élagage soit appliqué à la direction de nos forêts.

Comme je l'ai dit précédemment, cette opération est une blessure faite à l'arbre, mais c'est une blessure nécessaire, et les résultats qu'elle produit sont d'une importance bien plus sérieuse que les dérangements momentanés qu'elle occasionne dans la végétation du sujet.

M. de Nanville, cité par Delamarre, a remarqué qu'en s'abstenant de l'élagage des Pins, la séve était retenue dans le bas des tiges par les couronnes inférieures qui l'absorbaient de telle manière, que les tiges ne s'élèvent pas et qu'elles forment ce qu'on appelle vulgairement en forêt la *queue de rat*, au lieu qu'un élagage convenablement fait leur procure une grosseur bien proportionnée dans toute leur longueur. Cette même observation peut être faite sur tous les sujets mal soignés; cette tendance à croître en queue de rat se remarque surtout dans les jeunes Pins surchargés de branches.

Exécution de l'élagage. — L'élagage est une opération fort délicate, elle exige des soins, des précautions, une intelligence qui se trouvent bien rarement chez les ouvriers élagueurs. Le propriétaire doit donner toute sa vigilance à cet acte si important dans la bonne administration ; il doit diriger par lui-même ou par un homme sérieux cette opération capitale.

Deux extrêmes sont à éviter en ceci : une trop grande suppression de branches et un trop faible élagage.

Et d'abord, dans le premier cas, on saisit l'imprudence d'une suppression trop excessive des ramifications, d'un élagage qui pourrait être appelé en bouquet, car j'ai vu des Pins ainsi traités et dont les quelques branches qui les surmontaient formaient une véritable touffe ou bouquet. Il est évident qu'un semblable vandalisme ne peut être autorisé; la nature se révolte devant de telles dégradations ; la raison se soulève contre une telle conduite. On conçoit quelle funeste réaction doit se produire dans la vitalité de l'arbre, et combien cette rupture d'équilibre si nécessaire entre les branches et les racines doit être défavorable à la végétation du sujet.

L'extrême opposé, un élagage insuffisant, peut ne pas produire les résultats auxquels on a droit de s'attendre d'une bonne taille des arbres. Une mesure doit être gardée, une règle doit être suivie; la raison et l'intelligence du forestier doit sans cesse contrôler l'une et l'autre.

M. le vicomte de Courval a publié assez récemment un traité de la taille et de la conduite des arbres forestiers; il y expose avec beaucoup de talent une méthode de régénération forestière qui a déjà fait de nombreux adeptes, mais il ne s'applique presque exclusivement qu'à l'étude des espèces feuillues, et ne peut ainsi nous fournir les données de son expérience et de sa science.

Les élagueurs doivent être choisis parmi des hommes intelligents qui comprennent l'importance et la délicatesse de leur travail. Cette opération ne doit pas être jetée comme en pâture à l'incurie et à l'inconscience des ouvriers; de son exécution dépendent trop intimement l'avenir des forêts et la prospérité de nos arbres.

Les ouvriers montent sur les pins soit au moyen d'une échelle ordinaire, soit avec une échelle de résinier; ils sont munis d'une serpe qu'ils portent à leur ceinture. Ils coupent les branches à abattre, en ayant soin de les entailler en dessous, toutes les fois qu'ils le pourront; je conseille cette précaution, afin d'éviter les déchirures qui seraient inévitablement faites à l'arbre par la chute des branches.

L'élagage doit se faire rez-tronc, quoi qu'en disent quelques vieux praticiens, qui agissent sans analyser leur conduite. Il nous suffit d'examiner les résultats produits par l'application des deux méthodes pour nous convaincre des inconvénients d'un élagage à chicots.

Il advient dans ce dernier cas que la qualité du bois est de beaucoup inférieure à celui élagué à rez-tronc.

Assurément, dans le Pin maritime comme dans tous les arbres résineux, les dépréciations causées par un élagage vicieux ne sont pas aussi importantes que dans les arbres feuillus : il ne produit ni la pourriture, ni ces cancers végétaux, s'il m'est permis de les nommer ainsi, qui rongent toujours le cœur de l'arbre, le corrompent et le détruisent; il ne faut pas aux plaies faites aux Pins de l'onguent de Saint-Fiacre, de Héricart de Thury, de Forsyth : il guérit seul et sans les soins du forestier des blessures qui lui sont faites. Une branche étant coupée, un épanchement de sève se produit à l'extérieur de la section faite par la serpe ; mais cette exsudation séveuse cesse, bientôt elle disparaît, la concrétion de la résine dans les cellules du tronc de la branche devient un obstacle à la sortie des sucs résineux, la circulation du cambium change et s'établit dans l'intérieur du bois.

Ce fait étant acquis, il nous reste à savoir quel est le système d'élagage qu'il est préférable d'adopter pour le Pin maritime.

Et d'abord, la méthode à chicots, comme nous l'avons dit précédemment, produit du bois que le commerce estime d'inférieure qualité. L'arbre s'accroissant en grosseur, la longueur du chicot est de plus en plus diminuée par l'accroissement du sujet, et le nouveau bois est toujours traversé du chicot durci par la concrétion de la résine ; en abattant le pin, les ouvriers émoussent leurs outils contre ces troncs de hanche ; les planches obtenues sont remplies de nodosités qui en rabaissent le prix et qui se détachent par le séchement du bois.

Tels sont les résultats procurés par cette méthode d'élagage ; ils suffisent pour la faire rejeter.

Dans l'élagage rez-tronc, au contraire, les zones d'épaississement de l'arbre couvrent graduellement la naissance de la branche, elle la font disparaître dans l'intérieur du bois et régularisent davantage la tige du Pin ; les nodosités remarquées dans le cas précédent ne se présentent plus et le bois est plus apprécié par les acheteurs.

En résumé, nous sommes convaincu de l'importance de l'élagage de nos pinières, nous comprenons combien cette direction devient utile aux intérêts du propriétaire et du consommateur, et nous ne cesserons jamais d'en proclamer les avantages immenses.

Nous aurions pu nous étendre bien davantage sur le sujet que nous venons de traiter, mais il nous a paru suffisant d'établir les principes que nous avons signalés précédemment, et nous avons voulu nous en remettre pour leur application à l'intelligence des forestiers.

CHAPITRE XVI

AMÉNAGEMENT DES FORÊTS DE PINS MARITIME

L'étude que nous entreprenons ici est une des plus sérieuses que nous puissions faire en matière forestière. Elle comprend la question d'avenir des forêts et la direction à adopter dans leur administration. Entre les mains de l'aménagiste sont placés les intérêts du propriétaire en ce qui concerne les revenus à produire, et les intérêts de la société quand on considère les besoins de l'industrie. Ces deux buts sont les résultats desquels se rapprochent le plus possible une bonne direction d'aménagement.

Mais, au début de ces études, nos lecteurs sont en droit de nous poser une question à laquelle nous devons répondre : Qu'est-ce que l'aménagement ?

L'aménagement est l'opération par laquelle on règle le mode de culture et d'exploitation d'une forêt, dans le plus grand intérêt du propriétaire et du consommateur.

Cette définition fait seule sentir toute l'importance d'un aménagement bien entendu et bien dirigé. On le conçoit déjà, cette administration intelligente des forêts doit produire les plus beaux résultats.

Sans entrer dans des détails généraux sur cette question, à laquelle les Hartig, les Tassy, les Nanquette ont attaché leurs noms, nous l'examinerons, en faisant abstraction de tout ce qui pourrait nous entraîner en dehors de la culture du Pin maritime.

Avant d'entreprendre l'aménagement d'une forêt, il est bien des réflexions qui se doivent faire, bien des renseignements qu'il faut se procurer.

Et d'abord, le forestier aménagiste doit se pourvoir du plan exact de la forêt qu'il veut diriger. Ce document est un des plus importants qu'il puisse tenir ; il lui est ainsi facile de régler les forces naturelles de la propriété dont il dispose ; il peut ordonnancer le revenu qu'il veut produire, soit d'une manière constante, soit d'une manière momentanée.

Plusieurs autres circonstances peuvent faire varier la direction à adopter, telles que la facilité d'exploitation, l'écoulement des produits, les besoins du pays, l'avenir d'une contrée au point de vue des progrès qui doivent s'y produire, et bien d'autres encore. Le forestier doit tout peser, tout compter, et c'est de la connaissance parfaite des moindres circonstances que doit ressortir le choix de l'exploitation à suivre.

Le Pin maritime ne se cultive qu'en futaie, et ce n'est qu'ainsi que généralement il peut donner de sérieux revenus.

Cependant, dans des conditions toutes spéciales et dans des situations toutes particulières, il se cultive en taillis. Ainsi, dans le Bordelais, on le sème par bandes alternées et très-dru : il se produit ainsi un massif serré, qui est exploité, vers l'âge de dix à douze ans, comme échalassière pour les vignes du pays ; les débris de cette exploitation sont vendus ensuite aux chaufourniers qui entourent les grands centres de population. Une telle culture, quoique avantageuse dans les premières révolutions de la forêt, produit un affaiblissement considérable du sol, en ce qu'il ne se forme pas ainsi un humus fécondant qui remplace dans les futaies les prélèvements de l'arbre pour subvenir à son existence.

Nous n'étudierons donc pas ce mode de culture ; étant le résultat de circonstances toutes locales, il ne pourrait prendre une grande extension ; il nous serait d'ailleurs difficile de donner à ce sujet des renseignements exacts, n'ayant jamais pratiqué une telle exploitation.

Nous n'envisagerons donc le Pin maritime que comme arbre de haute futaie.

Son exploitabilité est une exploitabilité complexe : on peut prendre le Pin comme arbre producteur de résine et comme producteur de bois. De là deux classements à faire dans l'étude de son aménagement : 1° Le Pin considéré comme producteur de résine ; 2° le Pin considéré comme producteur de bois.

Le premier de ces deux systèmes d'exploitabilité n'est pas un système absolu. Le Pin n'est nulle part cultivé spécialement pour sa production en résine. Le temps n'est plus où les forêts du département des Landes, ne pouvant trouver un débouché à leurs produits, n'étaient conservées que pour le faible produit en résine qu'on devait en attendre. Cependant, dans des situations spéciales et à de grandes distances de communications faciles, le Pin maritime devrait être cultivé plus particulièrement comme arbre à résine. Nous le savons tous, la difficulté des transports, l'éloignement des centres de consommation, rendent bien souvent la culture du bois peu rémunératrice.

Il doit alors conduire les soins à donner aux pinières suivant le but qu'il veut obtenir. Recherche-t-il le revenu en résine ? il doit pratiquer alors l'élagage et l'éclaircissage comme nous l'avons indiqué précédemment : il laisse de vigoureuses branches à ses arbres, et ne les éclaircit que graduellement et à mesure de l'épuisement de certains sujets forcés en production.

Les soins contraires doivent se donner quand on tend à obtenir le plus grand produit possible en bois d'œuvre. Un écoulement facile, de bonnes voies de communication, un emploi avantageux, etc., font adopter ce dernier système d'exploitabilité.

Tels sont les deux systèmes extrêmes de l'aménagement d'une forêt de Pins maritimes ; mais il est une exploitabilité mixte qui pourrait peut-être renfermer plus d'avantages que les deux précédentes. Elle a pour but de favoriser l'accroissement du bois, tout en recherchant le plus grand produit possible en résine. Un élagage modéré doit être subi par les Pins ; un espacement de 6 à 7 mètres est bien suffisant. Le gemmage ne doit pas être trop forcé, les incisions sont faibles ; enfin l'intelligence du forestier concevra la conduite qu'il lui faut tenir pour arriver au maximum de production qu'il recherche. Les considérations que nous avons présentées au sujet de l'éclaircissage et de l'élagage pourront d'ailleurs lui servir de guide dans ce travail qui réclame tous ses soins et toute sa sollicitude. Nous avons dit plus haut quelle était l'influence du gemmage sur la qualité du bois ; nous y renvoyons nos lecteurs.

Maintenant une autre question se pose à nos méditations : Quel est l'âge d'exploitabilité du Pin maritime ?

Il est difficile de le fixer, car il dépend de circonstances si nombreuses et si variables, qu'il n'est pas possible de renseigner exactement à cet endroit. La qualité du sol, les soins donnés au Pin pendant sa croissance, un gemmage plus ou moins forcé, l'état serré ou espacé des plants, sont autant de considérations qui font varier l'époque de cette exploitabilité.

Mais, en règle générale, *le terme d'exploitabilité de tout arbre arrive lorsque l'accroissement annuel du capital représenté par sa valeur ne répond plus à l'intérêt de ce même capital.*

Les Pins qui ne subissent pas l'opération du gemmage ne dépérissent pas sitôt que les autres ; leur végétation productrice ne se ralentit pas aussi promptement ; aussi le terme de leur exploitabilité dépasse-t-il cent ans. Cette époque que j'indique ici n'est pas pour moi le résultat d'une conviction, n'ayant jamais eu l'occasion d'expérimenter ce dire, ni d'observer les Pins maritimes très-âgés et non soumis au gemmage. MM. Parade, J. Lorentz, fixent ainsi une telle exploitabilité.

Mais, pour ce qui concerne l'époque d'exploitation des Pins gemmés, il nous est plus aisé de nous faire une opinion fondée sur l'expérience.

Le terme d'exploitabilité dans ce dernier cas varie de soixante-dix à quatre-vingts ans.

Le produit en gemme, on le sait, est le plus grand revenu du Pin maritime. La valeur de l'accroissement annuel en bois ne saurait varier au delà de 15 à 20 centimes, tandis que le revenu annuel en résine, depuis l'âge de trente ans, n'est jamais au-dessous de 40 centimes.

En admettant donc, au moment de la coupe définitive, vers la quatre-vingtième année, que la valeur d'un arbre soit de 15 francs, il doit représenter un revenu, à 4 p. 100, de 60 centimes ; cet intérêt est représenté d'abord par l'accroissement du bois, ensuite par le revenu en résine ; mais sitôt que cet accroissement du bois ne se fait plus sentir, ce qui peut être apprécié en examinant les arbres à quelques années d'intervalle, l'intérêt du capital, représenté par l'arbre, n'est plus soldé que par le revenu en résine ; le taux de cet intérêt descend alors bien vite à 3 et même à 2 1/2 p. 100 ; le propriétaire perd alors, et il devient urgent pour lui de faire cesser cette situation : il doit le plus tôt possible gemmer ses Pins à mort pour les exploiter ensuite.

On le conçoit, le forestier doit exercer une grande vigilance sur ses forêts quand elles arrivent vers l'époque de leur exploitabilité, s'il ne veut pas éprouver des pertes regrettables.

On ne se préoccupe point assez de cette question, on ne calcule pas avec soin ou plutôt on ne calcule pas du tout. Que de pertes cependant procure l'incurie des propriétaires! ils vieillissent et laissent vieillir leurs bois sans raisonner la situation dans laquelle ils se trouvent

Il est une méthode de coupe dans les Landes assez généralement suivie, c'est la coupe à blanc étoc ou coupe blanche. C'est la seule qui puisse offrir de véritables avantages ; il suffit de citer la méthode opposée, appelée méthode ou coupe en jardinage, pour faire comprendre les malheureux résultats qu'elle produit. Par son application on déprécie sa propriété ; on se prive du bénéfice d'une reproduction naturelle uniforme, et l'application de cette méthode étant une fois faite, doit nécessairement se continuer dans toutes les révolutions ultérieures de la forêt. Mais il est inutile d'entrer dans de plus nombreuses explications à ce sujet ; les pinières sont généralement exploitées par des coupes à blanc étoc ; les propriétaires comprennent trop bien leurs intérêts pour s'attacher aveuglément et régulièrement à la vente de leurs arbres de choix seulement ; ils savent le préjudice qu'ils portent ainsi à leurs intérêts.

Il est encore bien des questions se rapportant à celle de l'aménagement des forêts, telles que les différents genre de coupes et plusieurs principes d'administration ; mais elles nous paraissent trop du domaine de la théorie pure, pour que nous puissions les reproduire ici ; elles ont d'ailleurs été traitées avec assez de science et assez d'intelligence par nos grands forestiers, pour que nous nous permettions de renvoyer nos lecteurs à leurs ouvrages.

CHAPITRE XVII

GEMMAGE

Nous donnons des développements assez étendus sur le gemmage, afin de répondre aux désirs que nous ont manifestés plusieurs propriétaires forestiers de la Bretagne, de la Sologne, de la Corse et de quelques départements de l'intérieur; cette question étant peu connue en France, il s'agit de la populariser et de lui donner place au grand jour. Et d'abord, *qu'est-ce que le gemmage?* C'est l'opération qui consiste à extraire du Pin maritime les sucs résineux qu'il contient.

Cette extraction se fait au moyen d'incisions longitudinales pratiquées sur la tige et qui la font ressembler à une colonne striée; les forêts livrées à cette opération ont un grand attrait de curiosité, quand elles ont celui de la nouveauté.

Nous allons donner une description détaillée des outils de résinage; nous dirons en même temps leur emploi et la manière de s'en servir. Ces divers instruments sont le *habchot*, l'*échelle*, la *pousse*, la *barrasquite*, la *pelle* et la *couarte*.

HABCHOT. — Le premier outil du gemmier est la hache; elle a une forme concave toute spéciale, et représentée dans la Pl. II, grav. 1. Elle est désignée dans les landes de Gascogne par le nom de *habchot*, mot patois qui signifie petite hache ; son tranchant bien acéré est l'objet des sollicitudes de l'ouvrier : il l'aiguise avec les plus grandes précautions et met toute son application à le rendre aussi coupant qu'un scalpel; il s'interrompt même plusieurs fois dans le courant de la journée pour le passer sur une pierre à grain très-fin qu'il porte toujours sur lui.

Les incisions se font avec cet instrument. Voir Pl. II, grav. 7 et 8. L'ouvrier a besoin, pour s'en servir, d'une adresse toute spéciale et qui ne s'acquiert que par un long exercice de son métier; il reverdit ainsi l'entaille faite au Pin. La forme concave du habchot permet de creuser l'incision sur le milieu de son parcours et de favoriser de la sorte le facile écoulement de la résine exsudée.

A son extrémité, le manche, long de 70 à 80 centimètres, est recourbé vers la droite. Ce qui en rend l'usage plus incommode pour les non-habitués. Cependant cette disposition est fort utile ; l'ouvrier place sa main gauche à côté de la douille de la hache, sa main droite saisit l'extrémité du manche; dans cette disposition, ce dernier étant bien droit, le gemmier, pour travailler, serait obligé de porter sa main droite sur sa hanche gauche; mais le manche étant recourbé vers la droite, chaque main conserve sa position naturelle et le travail se fait ainsi plus aisément.

Échelle. — L'échelle du résinier, appelée *crabe* (chèvre) dans la Gascogne, est un outil qui lui sert à s'élever contre la tige du Pin pour rafraîchir les plaies des incisions qu'il ne peut atteindre. C'est à l'usage aisé de cette échelle que se reconnaissent la souplesse et la dextérité de l'habitant des Landes. Elle est composée d'une tige de bois de pin, Pl. II, grav. 2, que l'on a amincie et dans laquelle on a laissé, dans un espacement régulier de 30 centimètres, des degrés en bois, traversés par un fort clou qui en empêche la rupture. Son extrémité inférieure est quelque peu rétrécie, afin qu'elle puisse aisément s'enfoncer dans le sol. Il est fort curieux de voir nos gemmiers se servir de cet instrument ; ils le portent de la main gauche, l'autre étant occupée par la hache, ils gravissent la distance qui les sépare de l'incision avec une rapidité vraiment surprenante. Le pied droit posé sur le degré où ils s'arrêtent, ils enroulent l'échelle avec leur jambe gauche pour poser le pied contre l'arbre et soutenir ainsi l'échelle sur leur jarret gauche. Voir Pl. II, grav. 7.

Dans quelques parties des Landes les ouvriers ne se servent pas de l'échelle pour le gemmage des Pins; mais à mesure que les incisions s'élèvent, ils allongent le manche de leur hache et ils ravivent ainsi des plaies se trouvant quelquefois à deux mètres au-dessus de la tête. On comprend combien cet usage est condamnable; dans de telles conditions, le gemmage devient d'un vandalisme sans nom; quelque adresse qu'aient les ouvriers, ils ne parviennent jamais à faire cette entaille légère et délicate qui, en sauvegardant la vie de l'arbre, lui fait rendre le plus de résine possible. On ne saurait assez s'attacher à proscrire une telle méthode, qui compromet les intérêts du propriétaire en même temps qu'elle attaque l'existence des forêts.

Il est une observation que nous devons faire avant de quitter la description de l'échelle. L'ouvrier rapproche toujours le plus possible le pied de cet instrument du pied de l'arbre ; l'ascension se fait avec plus de facilité, puisque le gemmier est obligé, tenant l'échelle de la main gauche, d'en empêcher la chute par une pression qu'il exerce sur le Pin avec la douille de la hache qu'il tient de la main droite.

La pression à exercer est d'autant plus forte que le pied de l'échelle est éloigné de celui de l'arbre. On conçoit alors l'utilité de ma remarque.

Pousse et Barrasquite. — La pousse est un instrument en fer dont la lame acérée est un peu inclinée; elle est munie d'un manche de $1^{m},50$ à $1^{m},80$ de longueur. La barrasquite est aussi un outil en fer acéré, à lame recourbée, fixé à un manche d'égale longueur que la précédente. Voir Pl. II, grav. 3 et 4.

Ces deux instruments servent à pratiquer l'écorçage des Pins, opération préliminaire du gemmage que nous expliquerons plus loin ; on les emploie encore pour détacher de l'incision la résine qui s'y est concrétée et qui a nom *galipot;* leur disposition suffit pour faire parfaitement saisir la manière de les utiliser.

Pelle. — La pelle, Pl. II, grav. 5, est un instrument à tranchant d'acier, monté sur un manche de 1 mètre de longueur; il sert à pratiquer l'écorçage des deux premières années de gemmage, alors que les incisions sont encore peu élevées, mais on l'utilise principalement pour la récolte de la résine dans les réservoirs de l'ancien système de résinage.

Couarte. — La couarte est le panier de récolte du gemmier ; il a la forme d'un sceau cylindrique et est construit assez généralement avec une écorce de chêne-liége retenue par deux ou trois cercles de bois. Une lame de fer est fixée en un point quelconque de sa bordure supérieure ; elle sert à détacher de la pelle la gemme qui y adhère en faisant la récolte. L'ouvrier transporte la couarte d'un Pin à un autre au moyen d'une anse en osier qui y est fixée ; cette anse est souvent recouverte de chiffons qui l'enroulent, afin qu'elle ne puisse blesser la main du gemmier. Voir Pl. II, grav. 6.

Tel est le matériel du travail de cet ouvrier ; en y joignant de l'énergie, de l'activité et un peu d'intelligence, on a tous les éléments d'un bon résinier.

Le métier de gemmier est fort laborieux et fort pénible ; il exige une grande dextérité, et une souplesse qui ne s'acquiert que très-difficilement, quand on n'a pas eu dès le jeune âge l'habitude de ce travail ; il a des difficultés que l'homme adulte qui entreprend cette profession peut bien rarement surmonter ; aussi les exploitations de Pins résineux se pratiquent-elles avec bien plus d'avantages lorsqu'elles sont dirigées par les ouvriers de nos contrées. C'est ainsi que les Landes fournissent leurs gemmiers aux forêts de l'Orléanais, de la Corse et de l'Espagne, dans lesquelles le gemmage est entrepris depuis peu de temps.

Des Pins soumis au gemmage. — Il est fort difficile de fixer avec quelque précision l'âge auquel les Pins peuvent être soumis au gemmage ; la dimension normale à laquelle se pratique cette opération n'étant pas atteinte aussi rapidement dans toutes les situations ; on doit donc attendre que les sujets possèdent une circonférence déterminée, sans avoir égard au temps employé pour l'obtenir ; c'est ainsi d'ailleurs qu'agissent tous nos praticiens.

Dans la Gascogne, où les Pins subissent tous le gemmage, on pratique cette opération lors de la dernière éclaircie des forêts ; les sujets ayant atteint une circonférence d'environ 50 centimètres [1] ; il s'agit d'enlever ceux surabondants, pour laisser aux réservés l'espace nécessaire à leur végétation ; on exécute alors le travail désigné dans nos contrées sous le nom de gemmage par éclaircie ;

[1] Une telle dimension arrive assez généralement vers la vingtième année de existence de l'arbre.

on incise les Pins à abattre pendant deux ans, quelquefois même trois ans, quand ils peuvent le supporter ; on obtient ainsi une quantité de résine assez aqueuse et qui est loin d'avoir la valeur de celle récoltée sur des Pins plus âgés ; cependant le prix en est payé sans égard de la qualité. L'abatage des arbres fournit du bois de chauffage de qualité bien inférieure ; quand un facile écoulement ne peut le faire employer ainsi, on le transforme en charbon, dont la vente se fait avec plus de rapidité.

Tels sont les deux produits de la dernière éclaircie, ils suffisent à la rentrée des avances faites par le propriétaire pour le semis, et les soins divers qu'il a donnés à ses pinières.

Après ce dernier abatage il ne reste plus sur le sol que les arbres de réserve ou de place, ceux dont l'exploitation doit se suivre régulièrement. On attend que leur développement les ait amenés à une grosseur définie. Il est dans nos contrées, pour la fixation de l'époque du gemmage, une règle, dont l'exactitude pourrait être contestée, mais de laquelle nos praticiens ne sauraient se départir ; elle se résume en ces termes : *un Pin est propre à être gemmé quand, en enroulant son bras d'un côté de l'arbre, on aperçoit l'extrémité de ses doigts en regardant de l'autre côté*, ce qui indique une circonférence d'à peu près un mètre, à une hauteur de $1^m,33$ du sol. Alors seulement doit commencer le gemmage dit *à vie* ; il est bon de retarder cette opération le plus possible et de laisser aux arbres prendre de la force et de la vigueur. Le gemmage épuise beaucoup les Pins et diminue la durée de leur existence ; il s'agit, en retardant ce travail, d'obtenir dans le sujet une vitalité plus puissante, un développement plus vigoureux, conditions qui l'aideront à supporter avec plus d'énergie les atteintes qui lui seront faites par les incisions.

Nous allons entreprendre maintenant l'exposé de la pratique du résinage ; nous débuterons par l'étude de l'écorçage, qui est l'opération première à faire subir aux Pins.

De l'écorçage. — L'écorçage se pratique sur les Pins destinés à être gemmés ; cette opération se fait quelques jours avant l'ouverture des incisions, sur une longueur qui dépasse quelque peu celle que doit atteindre la quarre à la fin de l'année de gemmage, et sur une largeur dépassant de quelques centimètres de chaque côté celle de l'entaille à faire.

Ce travail se pratique avec les divers instruments que nous venons de décrire; la pelle, la barrasquite, la pousse et la cognée ou hache ordinaire (dont nous n'avons pas parlé à cause de sa simplicité), suivant les diverses hauteurs auxquelles se trouvent les incisions.

La première et la deuxième année, cette opération se fait avec la pelle ou avec la cognée ; la troisième, avec la barrasquite, et, les années suivantes, avec la pousse.

En écorçant un Pin, on n'enlève jamais que les couches extérieures de l'écorce; on en fait seulement disparaître les rugosités, et on évite toujours d'attaquer l'arbre et de *l'écorcher*, comme on dit dans la Gascogne.

Ce travail, d'ailleurs, ne se pratique que pour faciliter la propreté dans la récolte de la gemme. L'écorce naturelle, par l'entaillement de l'arbre, salit les produits en tombant dans les augets ou réservoirs.

La hache s'émousserait aussi par la rencontre des rugosités de l'écorce. On attribue enfin à cette opération une heureuse influence exercée par la chaleur solaire, par son contact plus immédiat avec les vaisseaux résinifères. Je ne saurais affirmer une telle opinion, non plus que la contredire, cependant elle pourrait paraître fondée. L'écorçage des pins se pratique dans le mois de février ; on le termine au plus tard le 1er mars, époque à laquelle commence le gemmage.

Les réservoirs. — Les réservoirs dans lesquels se rend l'exsudation résineuse au sortir de l'incision peuvent se partager en deux classes, que je comprendrai sous le nom de *ancien système et nouveau système ou système Hugues*.

Il existe encore bien des progrès à accomplir dans cette question; ce ne sont pas des progrès d'innovation, mais bien des progrès de vulgarisation. L'amélioration est faite et a été très-vivement adoptée; sa simplicité rustique a frappé les yeux, lorsque les yeux ont regardé.

Au mois d'octobre de l'année dernière, en 1862, je fis paraître une brochure sur le *système Hugues pour l'extraction de la résine*[1]. J'y développai les inconvénients de l'ancien système en faisant pré-

[1] En vente à la Librairie Agricole, rue Jacob, 26, à Paris. — Prix : 1 franc.

valoir les immenses avantages de celui que j'avais pris à cœur de vulgariser et de défendre.

Le rapide succès que cet opuscule obtint me prouva ce que gagnent les faits à être connus, et combien le système Hugues était apprécié dans nos Landes.

Un grand nombre de propriétaires s'empressèrent de se procurer le matériel nécessaire à cette nouvelle exploitation; l'activité des fabricants ne put suffire aux demandes pressantes qui les assaillaient de toutes parts. Il y a encore des retardataires très-nombreux, et il s'en trouve encore d'indécis qui ne se laisseront convaincre que par la multiplicité des preuves. Elles s'amoncelleront pour les convaincre, et le gemmage par l'ancien système disparaîtra, nous en avons la certitude, avant longtemps.

Nous allons donner un rapide aperçu de ce dernier. L'application du nouveau système au gemmage de nos Pins n'est plus un problème à résoudre; la solution nous en est affirmée par de nombreuses expériences.

Quant à nous, nous considérons ce progrès comme accompli. En parlant du gemmage, nous ne parlerons que du gemmage par le système Hugues.

Gemmage par l'ancien système. — L'écorçage étant terminé, on crée de petits augets dans le collet même de la racine; on en rehausse les parois avec de la mousse et de la terre (voir Pl. II). Cela fait, le gemmage commence et la résine se rend dans le réservoir, appelé *crot* dans la Gascogne. Pendant les premiers temps elle le traverse comme un filtre pour disparaître dans le sol, et on comprend qu'il doive en être ainsi quand on se rappelle comment il est construit. Le réservoir étant extrêmement perméable, l'exsudation résineuse n'y est retenue que lorsqu'il a été convenablement durci par la gemme qui se fige dans ses parois.

Il résulte de là une perte considérable de matière qui disparaît dans le sol, et que l'on retrouve sous les racines sous forme de terreau, lors de l'arrachage des arbres.

Ce coulage est continuel; il se poursuit sans cesse, pas avec la même intensité cependant, mais il est d'une permanence qu'il est facile de s'expliquer : l'essence de térébenthine dissout la résine et la dissout même en assez grande quantité; par cette propriété, celle contenue dans la gemme attaque le réservoir, en désagrége certaines parties intérieures, poursuit son œuvre destructive et arrive ainsi à l'extérieur pour se répandre dans le sol. Cet acte de dissolution est constant et s'accomplit aussi longtemps que dure le gemmage ; de cela nous avons une preuve irrécusable, dans les tas de terreau résineux que nous trouvons sous le collet des racines et autour du Pin.

Nous l'avons dit, la perte de résine est surtout sérieuse au début de l'exploitation et de la création des crots, les anciens retenant la matière avec plus de facilité ; aussi nos résiniers utilisent-ils tous les réservoirs ayant déjà servi, et ils dirigent la gemme provenant des incisions dans ces vieux crots, comme ils les appellent, au moyen de conduits qu'ils creusent autour du tronc de l'arbre ; ils emploient ainsi le même réservoir au gemmage de trois ou quatre quarres ; on comprend déjà combien les solutions de continuité créées par les conduits taillés dans le Pin sont funestes à sa végétation : les tissus de formation des zones annuelles dans le bois sont rompus, les conduits du cambium sont brisés ; ces blessures, enfin, apportent des perturbations dans la vie de l'arbre, et la végétation est comme suspendue dans toute la longueur du Pin traversée par ces conduits à résine.

Voilà ce qu'est l'ancien système quant aux inconvénients les plus saillants. Il en est encore un non moins sérieux et sur lequel on semble peu s'arrêter ; je veux parler d'une autre cause de perte de résine.

L'exsudation résineuse ne se produit qu'au point où se pratique l'incision ; il arrive un temps où la gemme a un parcours de deux, trois et même quatre mètres avant d'arriver au réservoir fixé au pied du Pin ; la résine se concrète alors sur la quarre et forme la matière blanche connue dans le commerce sous le nom de *galipot* ; on comprend aisément que l'exposition de ce produit aux chaleurs que nous subissons pendant l'été doive en faire évaporer les parties les plus subtiles et les plus précieuses ; le volume du produit diminue avec sa qualité, ce fait est incontestable.

Nous pourrions présenter bien d'autres objections sérieuses à cette méthode de gemmage, mais les précédentes suffisent pour le faire juger et condamner sans appel.

Nous examinerons maintenant le gemmage par le système Hugues.

Gemmage par le système Hugues. — Ce système n'est que la substitution d'un réservoir mobile à celui fixé au pied du Pin dans l'ancienne méthode.

Le matériel exigé pour son application se compose de trois objets d'une simplicité primitive :

1° D'un récipient, ou pot en terre bien cuite et vernissée à l'intérieur (V. Pl. II);

2° D'une lame de zinc dentée appelée crampon;

3° D'une petite pointe sans tête.

On ne saurait vraiment exiger plus de simplicité dans une innovation ; sauf quelques légères améliorations, elle est arrivée du coup à son perfectionnement le plus élevé.

Le récipient remplace le crot en terre, et après chaque année de gemmage on l'élève sur la quarre, où il est fixé par une pointe au moyen d'un trou percé dans la bordure supérieure du pot.

Le crampon ou tablier est muni de cinq dents sur un de ses bords, qui lui permettent d'être fixé au-dessus de l'auget et d'y diriger la gemme; on lui donne une courbure assez prononcée dont le centre est au milieu de la quarre et au-dessus du pot, afin que la gemme puisse facilement se rendre dans ce dernier.

Tel est le secret de cette méthode de gemmage dont les immenses avantages sont appelés à la faire adopter dans toutes les pinières soumises à cette opération.

Le travail de la pose et de l'établissement du système est des plus simples et des plus expéditifs. Voici d'ailleurs comment se pratique cette opération : L'écorçage des Pins terminé, et le temps étant venu de mettre les Pins en œuvre et d'ouvrir les quarres, le résinier, muni d'un récipient et d'un crampon qu'il a pris dans un des tas répartis dans la forêt, le résinier, dis-je, donne son premier coup de hache[1], et du plat de celle-ci il fixe à petits coups le crampon dans l'arbre; cela fait, il place le pot au-dessous, l'assujettit bien, et la pose est terminée. S'agit-il maintenant d'élever le récipient sur la quarre, l'ouvrier saisit le crampon, qu'il arrache très-facilement de la place où il se trouve, et à l'aide d'un marteau il le fixe dans le bois de la quarre. Cela fait, il plante, pas trop profondément

[1] On sait que cet outil est une cognée de bûcheron; il sert à faire la première incision aux Pins.

cependant, une petite pointe sans tête à deux ou trois centimètres au-dessous du crampon, il fixe le pot à cette pointe par le trou qui y est percé sur le bord supérieur, et la pose est encore terminée.

Ces opérations sont exécutées dans beaucoup moins de temps qu'il n'en faut pour les dire ; elles produisent une grande économie dans l'installation sur l'ancien système ; tous ceux qui les ont pratiquées peuvent l'attester hautement et confondre ainsi les objections qui pourraient s'élever à cet égard.

L'ouvrier, afin d'empêcher la fuite de la résine entre le Pin et la bordure du crampon, dans le cas où celui-ci ne joindrait pas bien avec celui-là, a la précaution de mettre dans l'interstice un peu de chaux vive : c'est une pratique à conseiller et à suivre.

La cueillette de la résine, comme tout ce qui appartient au nouveau système, a été l'objet des attaques réitérées de la part des adversaires de l'innovation.

Il nous suffira de mettre en présence l'une de l'autre les deux méthodes de récoltes, pour qu'à la seule lecture on saisisse les inconvénients de l'ancienne et les avantages de la nouvelle.

Voici comment dans l'ancien système se pratique cette opération :

L'ouvrier, muni de la couarte, ou panier à récolte, et d'une pelle à tranchant rectiligne, passe à chacun de ses arbres pour enlever des crots la résine qu'ils contiennent. A cet effet, il plonge sa pelle dans le réservoir, et, la retirant vivement, il emporte avec elle la gemme qui s'y attache, pour la déposer dans la couarte. On conçoit bien qu'il est très-difficile au résinier, même le plus adroit et le plus expérimenté, de transporter sans perte la gemme du crot à son panier, surtout lorsqu'elle est liquide ; nécessairement des gouttes de résine s'échappent de la pelle pendant le trajet ; il se produit ainsi une diminution dans la quantité récoltée.

Dans le système Hugues, pas de tels inconvénients : rien n'est perdu de la résine qui se trouve dans le récipient.

Le résinier, arrivé au pied de l'arbre, toujours avec son panier et une petite palette en fer en forme de spatule, saisit le pot, le renverse dans la couarte, et, à l'aide de la spatule, il enlève très-rapidement la résine qui est restée attachée aux parois du récipient ; il remet celui-ci en place, et l'opération est terminée ; il passe alors à un autre Pin.

Il est évident qu'en présence de ces faits la question ne saurait donner prise à la discussion.

La résine recueillie dans les pots qui contiennent un peu d'eau de pluie est plus généreuse en essence de térébenthine, à cause de l'évaporation qui est ainsi empêchée. Aussi nos résiniers en laissent-ils toujours dans le récipient une petite quantité qu'ils ont grand soin de retirer lors de la récolte de la gemme.

Des plats en terre cuite remplacent les pots, lorsque des Pins inclinés feraient craindre une perte de résine, le récipient ne pouvant recevoir l'exsudation lorsqu'elle se produit sur un arbre penché. Le crampon est toujours placé, et le plat se pose sur le sol au-dessous de la chute de la résine.

Tel est le système Hugues dans son application pratique. Il produit encore des avantages considérables et que nous ne devons pas passer sous silence.

Le premier se rapporte à la quantité de matière récoltée. L'expérience nous a appris que la nouvelle méthode procurait une augmentation de *un tiers* en quantité sur l'ancien gemmage. Il produit encore des matières de qualité supérieure fort estimées dans l'industrie et qui sont bien plus payées que celles recueillies par le résinage ancien.

Ces faits, nous en avons établi l'évidence dans notre brochure, à laquelle nous renvoyons nos lecteurs.

Nous allons maintenant étudier les incisions ou quarres, et tracer rapidement la voie à suivre dans leur création.

Les incisions ou quarres. — L'incision est une entaille longitudinale qui se pratique sur la tige du Pin, pour en extraire les sucs résineux qu'elle contient.

Cette opération s'exécute au moyen du *habchot*, que nous avons décrit précédemment : l'amputation se fait de haut en bas, et la partie supérieure présente un arc de cercle, forme qu'on lui conserve toujours.

Une quarre dure quatre ou cinq ans, et s'élève jusqu'à la hauteur moyenne de 4 mètres ; il est des propriétaires qui font dépasser cette longueur, mais je crois cet usage contraire à leurs intérêts. Je l'expliquerai plus loin. L'ouvrier entaille les arbres sans le secours de l'échelle les deux premières années; son travail est alors bien plus facile et plus commode : dans de telles conditions, il peut inciser de douze à treize cents quarres par jour. Les troisième, quatrième et cinquième années de gemmage ne peuvent s'exécuter qu'à l'aide de l'échelle ; les incisions deviennent alors trop élevées pour que le gemmier puisse les atteindre : son travail est plus pénible et plus difficile ; il lui faut alors une grande activité, il subit dans ces conditions des fatigues que ne pourraient supporter les ouvriers non habitués à ce travail. La hache d'une main, l'échelle de l'autre, on les voit courant d'un arbre à l'autre, s'élevant sur la tige avec une rapidité et une dextérité qui ne se retrouvent que dans les Landes; ils rafraîchissent la plaie du Pin, sautent en bas, et vous les voyez déjà posant leur échelle à côté d'une autre incision.

Dans les conditions les plus favorables à l'extraction de la résine, les ouvriers incisent leurs arbres deux fois par semaine. Dans des situations moins heureuses, cette opération ne s'exécute que trois fois tous les quinze jours. La force végétative des pinières règle seule la conduite à tenir dans ce travail.

Nous l'avons déjà vu ; il existe dans la périphérie de l'arbre des conduits résinifères qui alimentent de gros vaisseaux, se trouvant répartis soit dans l'écorce de dernière formation, soit dans le cambium de l'arbre ; ce sont ces petits réservoirs qu'il s'agit de mettre au jour pour en faire écouler les sucs qu'ils contiennent ; les plaies ainsi faites se referment après deux ou trois jours par la concrétion de la gemme ; on ravive l'entaille afin de relancer l'exsudation.

Dans les Pins de réserve, on ne crée qu'une quarre, que l'on élève pendant quatre ou cinq ans, pour en reprendre ensuite une autre. On en place quatre successivement sur les quatre faces de l'arbre; on en établit quatre autres sur les cannelures laissées entre les premières incisions, ce qui fait un total de huit quarres; et de trente-deux à quarante ans de gemmage on en crée encore de nouvelles sur les parties de Pin non incisées, et ces arbres peuvent donner leurs produits résineux pendant cinquante ou soixante ans, lorsqu'ils n'ont pas été gemmés trop jeunes ou trop fortement blessés par des incisions inintelligentes. En admettant que les Pins puissent se résiner à vingt-cinq ans, ils arriveraient ainsi à leur soixante-quinzième ou quatre-vingtième année d'existence, âge auquel doit être fixé le terme de leur exploitabilité.

Alors doit s'exécuter un dernier gemmage que nous appelons gemmage forcé ou *gemmage à mort :* des incisions sont créées sur tout le contour de la tige; des quarres sont pratiquées partout où une place existe; on les incise toutes pendant deux ou trois ans, et on fait cette opération sans trop de précaution, les arbres étant destinés à l'abatage après leur complet épuisement. Il est des Pins qui supportent ainsi huit, dix et quinze incisions à la fois; on conçoit que de telles amputations ont bientôt raison de la plus puissante vitalité et de la végétation la plus abondante.

Il est des dimensions pour les incisions que l'expérience a fixées dans le plus grand intérêt de la production en résine et de la production en bois; elles sont suivies par tous nos propriétaires; l'administration forestière elle-même les impose aux adjudicataires des fermes pour l'extraction de la résine dans les propriétés qu'elle régit.

Dans un gemmage de Pins à vie, la hauteur de la quarre peut être ainsi fixée :

La première année	0m,55
La seconde	0m,75
La troisième	0m,90
La quatrième	0m,90
La cinpuième	0m,90
TOTAL POUR CINQ ANNÉES	4m,00

On voit qu'ainsi la hauteur de 4 mètres est atteinte dans les cinq années de gemmage, et que, cette opération ne durant que quatre années, on n'obtiendrait qu'une élévation de 3m,10. Il est des propriétaires qui dépassent la hauteur que je viens d'indiquer; mais je crois que c'est au détriment de leurs intérêts.

La largeur adoptée est de 12 centimètres à la base de l'incision et de 11 à son extrémité supérieure; cette diminution est nécessaire afin de suivre en cela le profil de la tige, dont la circonférence diminue à mesure qu'elle s'élève.

La profondeur adoptée est de un centimètre; elle doit être prise sous la corde tendue aux bords de l'entaille. Une profondeur plus grande est très-préjudiciable à la vie de l'arbre, et elle ne procure pas un plus fort rendement en gemme. Nous le savons, les vaisseaux et lacunes résinifères se trouvent presque à la surface du Pin et à une profondeur dans le bois qui ne dépasse guère un centimètre ou un centimètre et demi ; aller chercher plus loin les sucs résineux est donc un travail inutile, et qui blesse l'arbre sans nécessité ; nos ouvriers comprennent fort bien ce principe ; aussi les plus intelligents ne dépassent-ils pas cette profondeur.

Nous nous sommes, je crois, assez entretenu des incisions, disons maintenant quels sont leurs produits; ils sont de deux sortes : la gemme et le galipot.

Au sortir de l'incision, la résine apparaît à l'extérieur sous forme de gouttelettes limpides qui deviennent visqueuses par leur exposition à l'air et qui sont enfin, par leur propre poids, attirées vers le récipient qui se trouve au-dessous ; une partie de cette séve extravasée s'arrête sur la quarre, où elle se concrète par une grande absorption de l'oxygène de l'air ; elle se fixe sur le parcours de l'incision sous la forme d'une matière blanche, opaline et visqueuse, connue dans le commerce sous le nom de galipot.

Ce galipot est laissé toute l'année de gemmage sur la quarre par certains propriétaires, et c'est là une pratique des plus défectueuses ; il se produit ainsi de grandes pertes de matières par l'évaporation ; cette exposition du galipot aux chaleurs du soleil le déprécie en qualité comme en quantité, ainsi que nous l'avons dit en parlant du gemmage par l'ancien système. Quant à nous, nous faisons recueillir ce produit, qu'on enlève de l'arbre au moyen de la barrasquite, deux fois par an, vers la fin juin et lors de la dernière récolte de la résine. Nous nous trouvons très-bien de cette pratique.

J'ai indiqué, en parlant du système Hugues, comment se pratiquait la récolte de la gemme, je n'ai pas à m'en entretenir ici.

Pour être aussi complet que possible, je dois fixer quel est le rendement que l'on peut espérer d'une pinière.

Dans nos contrées, les barriques dans lesquelles on transporte la gemme ont une contenance de 336 litres; elles ont une ouverture de 30 centimètres de long sur 20 de large, afin de faciliter le chargement des matières; on la ferme avec une petite porte s'y adaptant le plus exactement possible.

Il faut de cent à cent vingt Pins gemmés par le système Hugues[1]

[1] Je veux parler, s'entend, des arbres résinés à vie qui n'ont qu'une seule quarre.

pour produire une barrique de résine par an, soit à peu près 3 litres par chaque arbre.

Le prix auquel se vend la barrique de gemme ne dépasse pas en temps ordinaire une moyenne de 70 à 75 francs, et sur cette somme l'ouvrier prélève de 20 à 25 francs par barrique; il est payé suivant la quantité de résine qu'il produit; il n'est pas besoin d'avoir ainsi sur lui cette surveillance active qui deviendrait très-lourde pour le propriétaire.

En parlant du système Hugues, nous avons indiqué la manière de récolter la gemme; nous ne reviendrons pas sur ce sujet.

Le gemmage a une influence considérable sur la qualité du bois de Pin; par cette opération, il se fixe dans les cellules qui le forment une concrétion résineuse qui le rend plus dense et plus durable; ses qualités sont fort appréciées par le commerce, qui lui donne une valeur double de celle des bois non gemmés.

Nous croyons avoir fourni les renseignements utiles au gemmage des Pins maritimes; si un oubli m'avait empêché de communiquer d'autres détails sur cette exploitation, je me ferais un vrai plaisir de le réparer en mettant à la disposition de mes lecteurs les résultats de mes observations.

CHAPITRE XVIII

DISTILLATION DES MATIÈRES RÉSINEUSES

La gemme étant récoltée dans les forêts, on la transporte dans les ateliers de distillation, pour en extraire les divers produits consommés par l'industrie. On la divise par diverses opérations en deux parties : la partie liquide ou essence de térébenthine, et la partie solide ou résine.

L'essence est incolore et très-fluide ; son odeur est forte et sa saveur âcre. Elle est composée de carbone et d'hydrogène ; sa formule est $C^{20}H^{16}$. Elle entre en ébullition à 156° centigrade ; sa densité est 0,86 par rapport à l'eau qui ne peut la dissoudre.

Voici maintenant l'exposé sommaire de la distillation. Dans la Pl. II, fig. (*q*), nous donnons la description d'un atelier qui nous appartient et qui représente à peu près le genre de construction généralement adopté.

La gemme est transportée dans les usines, où elle est déposée dans le réservoir (*a*) appelé aussi barquou, au moyen soit d'une brouette, soit d'un chariot, roulant sur le chemin de bois (*b*) ; les matières sont transvasées dans les chaudières de clarification (*c*).

Nous devons nous arrêter un instant ici, pour décrire cette opération préparatoire de la distillation.

La gemme brute arrivant des pinières n'est jamais pure; elle contient toujours des corps étrangers, de la terre, des éclats d'écorce, des feuilles de Pin, de l'eau, quelquefois même en assez grande quantité, quand la cueillette n'a pas été faite avec soin. Il s'agit donc de séparer ces corps de la gemme, si l'on veut obtenir des produits ayant une qualité commerciale : tel est le but de la clarification.

Elle consiste dans la précipitation au fond des chaudières des corps plus lourds que la résine en liquéfaction; elle fait en même temps surnarger ceux plus légers. Cette opération est fort délicate et demande à être conduite par un ouvrier intelligent. En portant la gemme à l'ébullition, on a pour but de faire évaporer l'eau qu'elle contient; mais il faut se garder de surchauffer les chaudières, afin d'éviter l'évaporation de l'essence qui serait entraînée par la vapeur d'eau.

La matière ainsi préparée est coulée le lendemain sur un filtre en paille de seigle qui retient les corps étrangers, et laisse tomber la gemme, appelée térébenthine après cette transformation, dans l'auge (*d*).

De cette auge, elle est transvasée dans le chargeoir (*h*), d'où, au moyen d'une soupape qu'on ouvre à volonté, elle s'écoule dans l'alambic (*e*); dans ce nouvel appareil s'accomplit la distillation des matières et leur séparation en essence et en résine.

L'essence s'obtient sous forme de vapeur, elle va se condenser dans le serpentin placé dans la cuve et arrive à l'état liquide par l'ouverture (*m*), d'où elle se rend dans un réservoir à essence (*n*). On hâte l'évaporation de la térébenthine en ajoutant un petit filet d'eau à la matière en ébullition au moyen d'un entonnoir situé sur le chapiteau de l'alambic. Cette eau, en arrivant dans la cucurbite, se transforme immédiatement en vapeur et entraîne avec elle l'essence pour la liquéfier dans le condensateur.

Le résidu de la distillation produit ce que le commerce appelle la colophane, le brai, la résine jaune.

La cuisson de la térébenthine étant terminée dans l'alambic, une ouverture placée en (*u*) permet à la matière restant de s'écouler par les conduits (*g*) ou (*x*) à volonté.

La colophane s'obtient par une simple filtration du résidu au travers de deux tamis en fil de laiton, très-fins, placés sur deux caisses en (*o*) et en (*p*).

Le brai n'est autre chose que le résidu des matières d'inférieure qualité; au sortir de l'alambic, il se rend dans l'auge (*r*) par le conduit (*q*).

La résine jaune se produit par un mélange de brai sec et d'eau, qui s'exécute dans une grande auge en bois (*s*) ; le brai est coulé sur un filtre en paille de seigle placé sur l'auge ; on lui adjoint une certaine proportion d'eau ; la température du brai étant très-élevée, l'eau mélangée entre en ébullition, une vive effervescence se produit, et deux hommes brassent vigoureusement la pâte qui se pose assez vite et prend une couleur jaune. On la fait écouler par l'ouverture (*t*) placée au bas de l'auge et par des conduits en sable ; la résine se rend dans des formes circulaires creusées aussi dans le sable que contient le terrier (*v*).

Les résidus terreux et autres, produits par la première clarification de la térébenthine sur un filtre de paille, sont mis en combustion dans un four spécial ; on obtient ainsi le produit résineux désisigné dans le commerce par le nom de poix noire.

On fabrique encore divers autres produits résineux, tels que la pâte de térébenthine, le brai gras, la colle végétale, mais ils nous paraissent trop du ressort de l'industrie pour être abordés ici.

Tel est le rapide aperçu de la distillation des matières résineuses; nous aurions pu entrer dans des développements plus étendus sur ce sujet, mais il nous semblait dépasser ainsi le cadre que nous nous sommes tracé; nous comptons d'ailleurs traiter plus tard cette question avec de nombreux détails, et en exposant les faits avec toutes les circonstances utiles à leur intelligence.

Des hommes spéciaux ont cherché des améliorations au mode actuel de distillation ; mais pas la moindre transformation ne s'est encore produite; ce procédé est tout spécial et ne peut trouver à être comparé à aucun autre dans l'industrie. Le bain-marie, le bain de sable, la vapeur, ont tour à tour occupé les innovateurs, mais leurs idées n'ont pu résister longtemps devant la réalité des résultats obtenus.

Le dernier mot n'est cependant pas dit; le progrès a là un élément bien disposé ; le difficile est de savoir le conduire.

Les produits résineux ont de nombreux emplois dans l'industrie et dans les arts; chaque jour leur écoulement devient plus facile, leur utilité se découvre; une énumération bien incomplète suffira à le prouver :

Emploi de l'essence de térébenthine pour.	les vernis, la peinture, l'éclairage, le mastic hydrofuge, le nettoyage des meubles, la médecine, l'art vétérinaire, etc.
Emploi de la résine solide pour.. .	les papeteries, les savonneries, la fabrication des bougies stéariques, les colles végétales, le calfatage des navires, les torches, la cire à cacheter les bouteilles, etc.

On peut juger de l'importance de ces produits, et il est facile de prévoir une extension considérable dans leur consommation. Lorsque des procédés de fabrication nous obtiendront des matières de qualité supérieure, soyons assurés que leur application s'étendra journellement et que l'industrie les utilisera bien davantage.

CHAPITRE XIX

EXPLOITATION DES BOIS

Le temps de l'exploitation du Pin maritime étant venu, il s'agit de le préparer pour la consommation.

Son abatage se fait soit au moyen de la cognée, soit au moyen d'une scie sans monture et qui est dirigée par deux hommes à l'aide de deux manches transversaux fixés aux deux extrémités de la lame. Assez généralement la coupe des arbres se fait en hiver, dans l'époque de la morte-séve; c'est le temps le plus convenable, et presque tous les forestiers sont unanimes à ce sujet et reconnaissent la bonté de cette pratique.

Le bois du Pin maritime s'emploie à divers usages dans l'industrie; nous allons essayer d'en donner la description.

On l'emploie :

1° comme pilotis;
2° — traverses;
3° — supports télégraphiques;
4° — diverses pièces de charpente;
5° — planches et bois de menuiserie;
6° il sert à la confection des goudrons.

Le bois de Pin comme tous les bois résineux ne se décompose qu'avec beaucoup de lenteur dans l'eau. Hartig a fait à ce sujet des expériences qui nous ont montré combien ce bois résistait à la pourriture ou désagrégation des fibres, qui se produisait bien plus tôt dans les autres bois. Cette propriété du Pin maritime a été utilisée dans les constructions et l'est encore chaque jour ; les ports maritimes du golfe de Gascogne ont leurs jetées formées de ce bois ; on l'enduit d'une couche de coaltar, et il se conserve indéfiniment. Les ponts sont construits sur des grilles supportées par un pilotis en bois de Pin. Ces pièces ont un grand prix dans le commerce, parce qu'elles ne se rencontrent que dans le choix des arbres d'une forêt. Elles s'emploient telles qu'elles sont coupées, après les avoir écorcées dans toute leur longueur. On enlève l'écorce, parce qu'elle hâterait la décomposition dans l'eau.

Les lignes de chemins de fer du midi de la France et du nord de l'Espagne ont construit leurs voies sur des traverses en bois de Pin maritime, fournies par le département des Landes.

Elles subissent avant leur emploi le procédé d'injection de M. Boucherie, qui les garantit pendant assez longtemps de la décomposition. Elles se produisent par une simple fente d'une bille de bois qu'on partage ainsi en deux au moyen d'une scie.

Les lignes télégraphiques sont supportées par des poteaux en bois de Pin injecté ; on utilise dans ce cas les arbres de vingt à vingt-cinq ans qui présentent une tige assez droite ; les propriétaires enlèvent ces bois par éclaircie, en ayant grand soin de ne pas attaquer les réserves.

Dans nos contrées, les maisons d'habitation et autres bâtiments sont construits avec des pièces de charpente en bois de Pin ; lorsque celui-ci est de bonne qualité, sa durée est très-grande.

La menuiserie l'emploie aussi, soit pour la confection des meubles, soit pour celle des planchers et ouvertures.

Enfin, le bois de Pin maritime sert à la fabrication du goudron. On le sait, ce fut Colbert, l'éminent ministre de Louis XIV, qui importa dans nos contrées les fours à goudron dits à la *suédoise*. Ce procédé est trop simple et trop connu pour qu'il me paraisse nécessaire d'en donner une description. On n'emploie à la confection de ce produit que la partie des Pins très-âgés comprise entre le collet de l'arbre et l'extrémité des quarres ou incisions ; là se trouvent en plus grande abondance les matières résineuses. Les racines aussi sont enlevées du sol après quelques années de la coupe de la forêt, pour en extraire le goudron qu'elles contiennent.

J'aurais pu, en parlant de l'exploitation des bois, comme en m'entretenant des matières résineuses, donner plus d'extension à mes études, plus de développements à ce travail; mais j'ai cru ne pas devoir le faire. Ces deux questions rentrent dans le domaine de l'industrie et du commerce, et ne semblent pas s'unir assez intimement aux questions de la culture du Pin maritime. La fabrication des produits résineux et les moyens d'exploitation des bois sont d'ailleurs la spécialité de certains hommes, et le sylviculteur n'a pas à se préoccuper de ces travaux pour le bon aménagement de ses forêts. Telles sont les raisons qui ont guidé ma conduite.

CHAPITRE XX

INSECTES NUISIBLES — INCENDIES

Le Pin maritime est attaqué par plusieurs insectes qui apportent soit des perturbations, soit même la mort, dans son organisme et son existence.

Le savant vice-président de la Société d'agriculture des Landes, M. Perris, a publié dans les *Annales de la Société entomologique de la France* un travail plein de science et d'intérêt sur les insectes nuisibles au Pin maritime; qu'il nous permette d'en rapporter ici quelques extraits, qui seront, je crois, goûtés par nos sylviculteurs :

« Les auteurs, dit-il, semblent généralement disposés à admettre que ces insectes, dont les larves se développent dans les arbres encore verts, sont la première cause de leur mort. Aussi l'on attribue au *pissodes notatus* la perte d'une immense quantité de Pins qui couvraient, en 1835, 190 hectares de la forêt de Rouvray. M. le marquis de Chambray, dans son bel ouvrage sur les arbres résineux, parle d'un insecte, du genre bostriche, qui, lorsqu'il se multiplie en grande quantité, peut détruire des forêts entières de Pins maritimes. On lit dans l'*Histoire de l'administration en France*, par Anthelme Costaz, t. Ier, p. 248, que, durant le dix-septième et dix-huitième siècle, les forêts de Pins d'Allemagne furent tellement ravagées par le scolyte, que la province hanovrienne de Hartz craignit de manquer de combustible.

« Quant à moi, je ne puis admettre que ces insectes lignivores soient les premiers auteurs de la mort des arbres qu'ils attaquent, et, depuis quinze ans que j'étudie sans relâche leurs mœurs dans un des pays les plus boisés de la France, j'ai observé assez de faits pour oser exprimer mon sentiment. Ce sentiment se formule ainsi : que les insectes en général (je ne parle pas de ceux qui ne s'en prennent qu'au feuillage) n'attaquent pas les arbres en bonne santé ; qu'ils ne s'adressent qu'à ceux dont le bien-être et les fonctions ont été altérés par une cause quelconque.

« Dans le département des Landes, où nous comptons les Pins par millions, je n'ai jamais été témoin, la tradition n'a pas conservé le souvenir d'une de ces *razzias* forestières qui ont affligé d'autres contrées. Or le Pin est exposé à une foule d'ennemis, et le nombre d'individus des espèces les plus malfaisantes est incalculable, et cependant il est assez rare qu'un de ces arbres périsse, et je suis encore à en trouver un seul qui ait été réellement tué par les insectes. Cela vient, à mon avis, de ce que le Pin maritime, étant ici dans sa véritable patrie, s'y développe avec vigueur, y vit en bonne santé, et brave ainsi les innombrables ennemis qui l'entourent.

« Mais que les Pins deviennent souffreteux par l'effet d'une grêle ou d'un insecte qui en a détruit les feuilles et les bourgeons, ou par suite de cette maladie qui, attaquant la racine et se propageant de proche en proche, envahirait peut-être toute la forêt si, par une tranchée circulaire, on n'arrêtait la contagion ; alors les insectes lignivores devinent l'état morbide des arbres malades, lors même qu'aucun indice extérieur ne trahirait l'existence du mal, se jettent en foule sur leurs victimes et les achèvent en quelques semaines. »

Et plus loin, dit encore M. Perris, « les insectes les plus dangereux pour le Pin maritime sont 1° le *bombyx pityocampa*, dont la chenille ronge les feuilles de cet arbre et peut, si elle se multiplie outre mesure, déterminer des désordres physiologiques tels, qu'il en résultera une maladie dont les conséquences, grâce aux xylophages, seront mortelles; 2° les *tomicus stenographus*, *laricis* et *bidens*, le *melanophila tarda* et le *pissodes notatus*, qui détruisent rapidement tout arbre malade.

« Pour ces derniers, on a conseillé la destruction du bois mort, l'enlèvement des souches, la mise en œuvre, ou du moins l'écorçage des arbres abattus, les arbres d'appât dispersés dans la forêt pour recueillir les pontes des insectes, dont on détruit ensuite les larves. Mais comment obtenir que dans toute l'étendue d'un département, de plusieurs départements limitrophes, ces moyens soient employés simultanément, c'est-à-dire par tout le monde et aux mêmes époques? Les résultats que l'on obtiendrait seraient-ils d'ailleurs bien appréciables, lorsqu'il y a, dans les parties supérieures et presque inaccessibles des arbres, tant de branches mortes ou malades. Au surplus, dans la pratique, il est complétement impossible de faire à ces insectes une chasse réellement fructueuse, et cela est incontestable pour qui connaît l'aménagement et l'exploitation de nos forêts, l'insuffisance de la population agricole, l'indifférence qui naît de l'abondance, et la sécurité que donne l'ignorance de tout précédent fâcheux.

« Quant à la chenille processionnaire du *bombyx*, qui passe l'hiver en sociétés nombreuses dans de grands nids de soie attachés aux branches, on dirait qu'il est facile de s'en rendre maître. Les dispositions législatives qui prescrivent l'échenillage pour d'autres espèces pourraient bien atteindre celle ci, et comme on a cinq mois environ pour y procéder, il semble qu'il n'existe aucune raison de s'en affranchir. Mais il est bon de savoir que la plupart des nids sont installés à l'extrémité des branches supérieures des grands arbres, qu'il serait presque toujours impossible de les atteindre et toujours périlleux de le tenter; il faut dire aussi que pour avoir ces nids il est nécessaire de couper au-dessous les branches qui les portent, et que si chaque branche en avait un, comme cela s'est vu, autant vaudrait abattre l'arbre que lui faire subir l'opération mortelle de l'amputation de ses rameaux.

« On est donc obligé de laisser aller les choses, de laisser faire les oiseaux, les parasites nombreux et les phénomènes météorologiques, qui maintiennent ou font bientôt rentrer dans de justes limites la multiplication des insectes dévastateurs.

« Il y a quelques années, les vastes forêts de Pins du département des Landes furent envahies par une si prodigieuse quantité de chenilles processionnaires, que chaque branche, presque chaque brindille avait son nid. Avant l'hiver, une grande partie des feuilles avait été dévorée, et au printemps les chenilles, sortant de leur engourdissement hivernal, achevaient de brouter le reste, de sorte qu'au mois de mars on eût dit que le feu avait passé par là.

« Ces ravages, sans préservatif possible, durèrent deux années, et firent périr quelques arbres ; la population s'en émut, et, pour ma part, je n'hésitais pas à déclarer que, s'ils se renouvelaient deux ou trois ans de plus, c'en était fait probablement du plus grand nombre de nos Pins, dont l'état de langueur serait suivi de troubles organiques assez graves pour attirer les bostriches, les buprestes, les innombrables insectes lignivores, toujours prêts à se jeter sur les arbres malades, et dont les atteintes sont un signal de mort.

« Ainsi que je l'ai dit, cette situation dura deux ans. A la troisième année, quel fut notre étonnement de voir qu'il n'y avait presque plus de nids sur les arbres : les chenilles avaient, pour ainsi dire, disparu. Les mésanges, les pies, les coucous et d'autres oiseaux en avaient sans doute détruit un très-grand nombre ; sans doute aussi quelques milliers étaient devenus la proie d'insectes carnassiers ou parasites ; mais en supputant toutes les destructions partielles, on aurait été bien loin du compte : quelque fléau général avait dû s'appesantir sur cette race innombrable de dévastateurs, et voici, quant à moi, ce que j'en pense :

« Au mois de mai, les chenilles processionnaires s'enfoncent dans la terre, pour se transformer en chrysalides ; mais elles s'enterrent à une faible profondeur, pour que le papillon n'éprouve pas de grandes difficultés à prendre son essor. Le travail de métamorphose organique qui s'effectue dans la chrysalide exige, comme on sait, que l'insecte soit à l'abri d'une trop grande sécheresse ; or les mois de mai et de juin de l'année se firent remarquer par des chaleurs très-intenses et une sécheresse opiniâtre ; le sol sablonneux des bois de Pins se dessécha profondément : il devint brûlant, et les chrysalides, ne pouvant se développer dans ce milieu, avortèrent presque toutes. Il naquit donc fort peu de papillons, et dès lors il y eut peu de chenilles. Deux circonstances me paraissent justifier pleinement cette explication : c'est que 1° dans les bois un peu frais, et sur les lisières voisines des lieux humides, on retrouvait, l'année suivante, des nids en assez grand nombre ; 2° depuis lors, deux autres années, 1848 et 1849, ont été marquées par une sécheresse pour ainsi dire exceptionnelle, et il en est résulté que durant l'hiver de 1849 à 1850 on parcourait de grandes distances sans rencontrer un seul nid. En 1851 ils ont cessé d'être aussi rares, et je me rappelle que je pronostiquai ce fait lors des quelques pluies qui tombèrent en juin et juillet 1850.

« Ainsi il a suffi d'une sécheresse pour mettre un terme à des dévastations inquiétantes contre lesquelles l'homme n'avait pas de remède, et le nombre des chenilles processionnaires est aujourd'hui (1851) réduit à une si simple expression, elles sont entourées de tant d'ennemis, qu'elles ont cessé pour longtemps d'être redoutables.

« A défaut de la sécheresse ou de tout autre accident météorologique, les chenilles processionnaires auraient pu, comme on l'a vu ailleurs pour d'autres espèces, trouver dans leur multiplication même des causes de ruine et de mortalité. Le nombre en aurait pu être tellement grand, que la nourriture leur aurait fait défaut avant leur développement complet, et alors elles auraient péri de faim avant de se transformer. »

Telles sont les opinions et les vues de M. Perris; j'ai pu les contrôler par des observations nombreuses que j'ai faites dans les pinières; on reconnaît dans le travail de ce savant naturaliste le coup d'œil d'un profond observateur, qui ne se satisfait pas de la science du cabinet, mais qui la recherche dans les mystères de la nature.

Des incendies. — Un des fléaux les plus redoutables pour les pinières est sans contredit l'incendie : il se développe avec beaucoup de facilité et se propage avec une rapidité épouvantable.

On conserve dans nos contrées le souvenir d'un incendie qui dévasta nos forêts sur une longueur de ving-cinq à trente kilomètres; de pareils faits suffisent pour donner la panique la plus justifiée aux propriétaires et pour leur conseiller les plus grandes précautions.

De tels événements ont presque toujours pour cause la négligence des ouvriers qui allument des feux dans les forêts, sans avoir la précaution de les bien éteindre; ils peuvent provenir aussi de la chute d'un orage dans la forêt, comme cela est arrivé dans le domaine impérial de Solferino.

Les compagnies aussi n'assurent-elles qu'avec beaucoup de difficultés les forêts de Pins maritimes ; cependant celle du *Phénix*, entre autres, accepte de telles responsabilités : elle nous garantit les risques d'une forêt de 150 hectares que nous lui avons assurée.

Un moyen préservatif de ces accidents existe, il a été mis en usage par de sérieux forestiers : il consiste à séparer les bois résineux par des bandes espacées de bois feuillus. C'est ainsi que M. Crouzet, le savant ingénieur dont nous avons rapporté les travaux, a établi sur le domaine impérial de Solferino, qu'il dirige, des plantations de bois feuillus divisant les peuplements de Pins maritimes ; on amoindrit ainsi l'intensité des incendies, et il est alors facile de les circonscrire et de les limiter.

Je me propose d'exécuter de telles plantations dans ce but, et nous devons désirer que toutes les landes se sillonnent de peuplements aussi utiles.

Mais il est un moyen employé dans nos contrées pour combattre les incendies, connu sous le nom de contre-feu. Voici en quoi il consiste. Quand les habitants, après s'être réunis sur le lieu du sinistre, jugent l'extinction du feu directement impossible, ils vont dans la direction de l'incendie, et là, après s'être armés de branches de Pin bien rameuses, ils forment une haie, et brûlent ensuite les bruyères, ronces ou autres bois secs qui les séparent de l'incendie ; avec leurs branches, ils empêchent le feu de se propager dans des directions différentes en l'étouffant. Cela fait, l'incendie en avançant ne trouve plus d'aliments à sa continuation et souvent il s'éteint.

On ne saurait indiquer un moyen plus homœopathique : le feu guéri par le feu. C'est ainsi que d'épouvantables sinistres ont été empêchés.

Cependant, ce n'est pas là un moyen sur lequel on doit seulement compter. Des plantations d'arbres feuillus doivent aussi avoir leur part dans les garanties de la conservation de nos forêts, et on ne saurait assez proclamer et répandre un tel progrès.

CHAPITRE XXI

LES DUNES DU GOLFE DE GASCOGNE ET LA CULTURE DU PIN DANS LES LANDES

Il existe sur nos côtes un courant maritime partant de Bahama, traversant tout l'Atlantique et venant se jeter sur le littoral océanien de la France, pour le suivre parallèlement dans la direction du nord au sud. Ce courant, par son intensité plus ou moins vive, suivant certaines circonstances que nous n'examinerons pas ici, soulève le gravier et le sable qui forment le fond de la mer et que le flux de la marée fait atterrir sur nos côtes. Cet échouage de sable est continu, et la mer en se retirant nous laisse bien souvent un atterrissement assez fort; les vents viennent qui le dessèchent et le transportent dans l'intérieur des terres; il s'amoncelle, grossit toujours son volume et forme les dunes (du celtique *dun*) qui bordent tout le golfe de Gascogne. Sur une longueur de 240 kilomètres s'aperçoivent ces alluvions, que l'on pourrait appeler modernes, et qui ont créé une barrière entre l'Océan et les départements de la Gironde et des Landes; barrière dont la largeur est de 3 à 12 kilomètres.

La surface totale des dunes comprise entre l'Adour et la Gironde ne s'évalue pas à moins de 95,000 hectares.

Telle était la situation de nos côtes avant la fixation des sables : ceux-ci, amoncelés et sans cesse en mouvement, formaient ces ondulations envahissantes qui s'avançaient impétueusement dans l'intérieur ; tout cédait, tout était détruit, et le terrible fléau semait partout la dévastation et l'épouvante : il comblait les ports, engloutissait des villages; avec sa furie titanique, il s'abattait contre les œuvres de l'homme, pour les broyer et les anéantir.

Mais, en 1787, une intelligence vient leur imposer une volonté puissante et les retenir d'une main de fer : Brémontier se présente et veut entreprendre la fixation des sables ; doué d'une énergie sans égale et d'une intelligence supérieure, il ne recule pas devant une telle entreprise ; il est dur à la peine et cuirassé contre les défections qu'il pourra rencontrer : il essaye et il réussit. Il peuple ces dunes de plusieurs plantes à racines traçantes, destinées à s'emparer avidement du sol et à le fixer par un treillage serré ; ce sont : le *calamagrostis arenaria* (appelé aussi *gourbet*), le *festuca subulicola*, le *convolvulus*, l'*euphorbia paralias*, etc., etc.

Les sables étaient fixés, mais là n'était pas le tout : cette stérile monotonie du paysage de nos côtes ne pouvait durer, il fallait peupler cette sauvage immensité et lui donner un aspect moins repoussant et moins lugubre. On essaya la culture du Pin maritime, et les succès obtenus dépassèrent toutes les prévisions et toutes les espérances; du sein de cette aridité désolante s'élevèrent en peu de temps des forêts magnifiques et d'une belle venue; des arbres, aujourd'hui parvenus au terme de leur exploitabilité, peuvent en attester hautement.

Ces forêts, en partie aliénées, nous font présager le plus bel avenir; ce sable, si infertile en apparence, est devenu le terrain par excellence du Pin maritime; nulle part il ne croît avec cette énergie et cette vitalité que nous lui trouvons ici. Sa culture n'a pas encore subi les transformations du progrès, elle est abandonnée aux caprices de la nature et comme délaissée par les administrations qui l'ont dirigée; mais aujourd'hui, dans les mains de propriétaires intelligents, elle est destinée à s'améliorer et à nous donner les plus heureux résultats.

La culture du Pin maritime est encore fort imparfaite; elle n'a pas suivi cette impulsion torrentielle de notre siècle qui porte tout vers le progrès et les transformations intelligentes; elle est encore en retard sur notre époque et semble croupir dans son ancienne situation. Les propriétaires qui la dirigent s'éloignent journellement de cet épanouissement des esprits, car, nous le savons, l'expérience nous le prouve,

Qui n'avance pas recule.

Dans les Landes, cette culture est souvent abandonnée à la direction d'ouvriers inhabiles et mercenaires qui agissent sans raisons ni principes, et qui détruisent ou n'améliorent pas l'avenir des forêts.

Les semis sont mal exécutés, les plantations sont en honneur alors qu'elles devraient être rejetées; les éclaircies sont peu suivies, les élagages faits sans principes; le tout est, enfin, conduit sans cet amour du progrès qui crée et améliore les produits que réclament les besoins de nos industries.

Nous ne devons donc plus rester inactifs au milieu des transformations de notre époque; nous devons suivre l'impulsion qui nous est communiquée de toutes parts par tous les esprits; nous ne pouvons plus rester étrangers à ces reconstitutions qui s'agitent autour de nous; ne nous laissons pas traîner à la remorque des préjugés qui sentent le rachitisme et la faiblesse; montrons-nous à la hauteur du progrès de notre temps, marchons ainsi que notre siècle marche.

FIN

TABLE DES MATIÈRES

PARIS. — IMPRIMERIE SIMON RAÇON ET COMP., RUE D'ERFURTH, 1

Planche 1ère

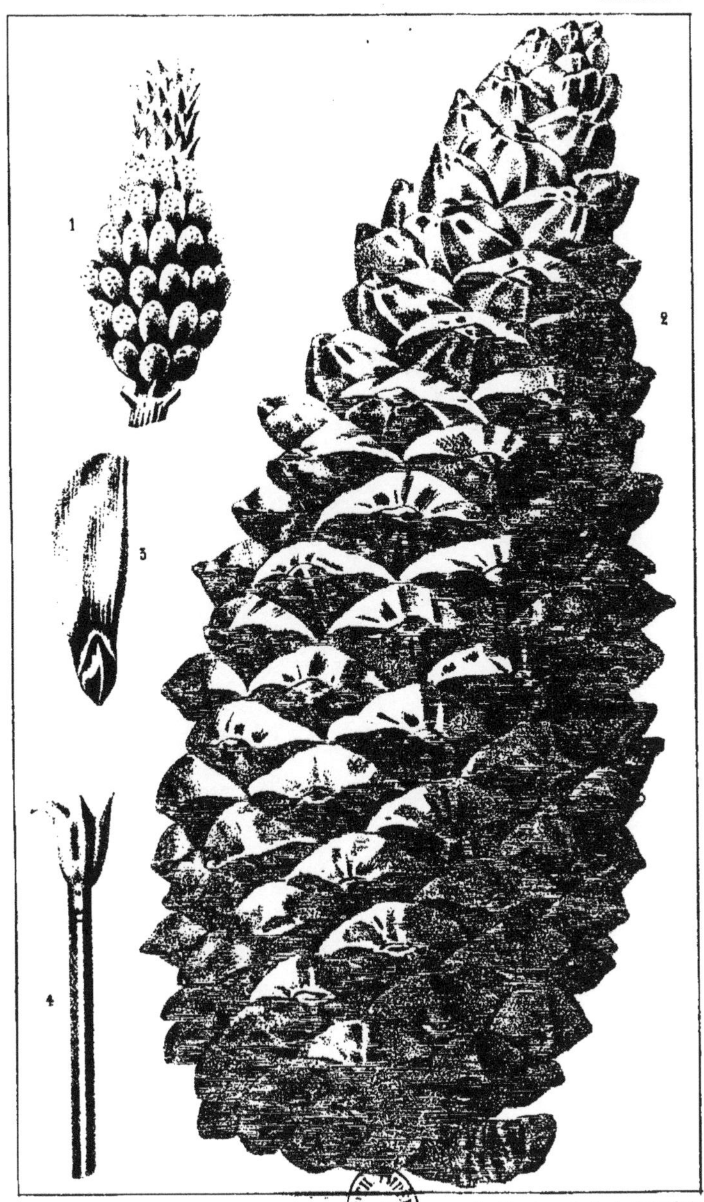

Imp. Zanote, rue des Boulangers, 13, Paris

Fig. 1. *Fleur mâle.*
— 2. *Cône. Fleur femelle.*
— 3. *Graine ailée.*
— 4. *Trident.*

Planche 2e

Imp. Zanote, rue des Boulangers, 13, Paris

Fig. 1 - *Hache du résinier - 70 à 80 centimtres de long.*
— 2 - *Echelle de 4 mètres à 4m 50 de long.*
— 3 - *Barrasquite de 1m 50 de long.*
— 4 - *Pousse de 2 mètres de long.*
— 5 - *Pelle de 1m 10 de long.*
— 6 - *Couarte ou panier à récolte muni d'une anse.*

Fig. 7 - *Pin gemmé par le système-Hugues.*
— a - *Incision de première année dans laquelle le récipient est posé sur le sol.*
— b - *Guane de troisième année dans laquelle l'auget est suspendu à l'arbre.*
— c - *Crampon en zinc*
— d *Place occupée par le crampon l'année précédente.*

Imp. Zanote, rue des Boulangers, 13, Paris

Fig. 8 _ *Ouvrier monté sur son échelle et incisant un pin gemmé par l'ancien système.*

— *a* - *Auget creusé au pied de l'arbre.*

— *b* _ *Copeaux de bois mis sur la bordure de l'incision pour diriger la résine dans le réservoir.*

— 8bis _ *Auget et Crampon du système-Hugues.*

Planche 4.e

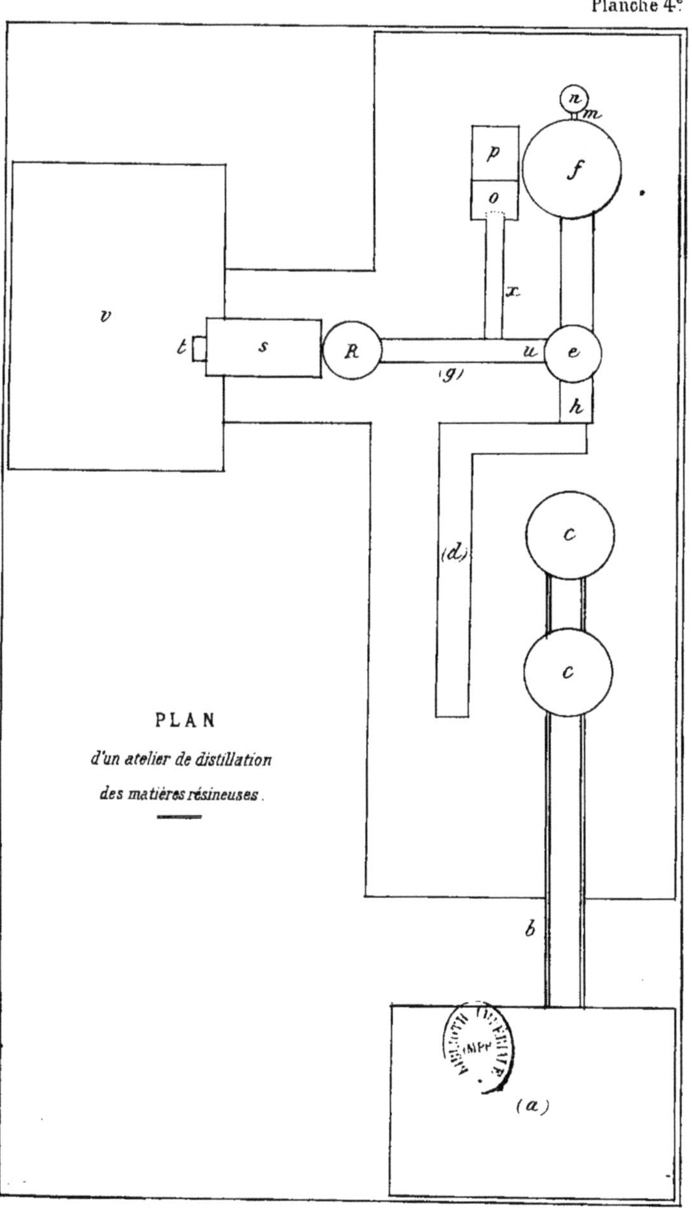

Imp. Zanote, rue des Boulangers, 13, Paris.

www.ingramcontent.com/pod-product-compliance
Ingram Content Group UK Ltd.
Pitfield, Milton Keynes, MK11 3LW, UK
UKHW021153260726
13994UKWH00001B/428

9 782329 360478